中央大学社会科学研究所研究叢書……9

日本の地方CATV

林　　茂樹　編著

中央大学出版部

はじめに

近年、ＩＴ革命という言葉がマスコミに載らない日がない、と言っても過言ではないほど情報技術に対する要請が至る所から出てきている。それは、政府機関や産業界からのものがとりわけオクターブが高く、マス・メディアはその声のボリュウムをさらに上げてわれわれに到達させている感が否めない。しかし、同時にわれわれを取り巻く情報環境は、まさに日進月歩の勢いで変わりつつあるのも事実である。

「情報化」が言われて久しいが、そのレベルはまさにグローバルな広がりが指向されている。いまや個人のレベルから世界のレベルにまでひたひたと情報化の波が押し寄せ、情報（機器）洪水の印象がないわけではない。地域情報化もその例外ではないし、歴史も古い。しかし、それは移動体通信やインターネットのような華々しさがなく、一方で旧態依然のものから、他方で最新鋭の技術とシステムが併存している世界でもある。

この度、地域情報化の実態を地方のＣＡＴＶシステムを通して実証的に明らかにしようということで、中央大学のスタッフを中心に研究チームをつくり、三年間にわたって調査を行うことができた。国内のできるかぎり多くのシステムを、現地に足を運んで調べることが主たる目的であったため、聴き取りと資料に基づく調査に終始した。われわれが足を運んだ多くのシステムにおいても情報技術の革新は例外ではない。

調査対象とした多くのＣＡＴＶシステムは、地方のＣＡＴＶでありＭＰＩＳ（農村多元情報システム）である。ここでは、自主製作番組を核として地域住民の連帯やコミュニティ意識の醸成、さらには地域の活性化に結び付けようとした意図のもとに、システムを立ち上げたものが多く、その目的が着実に実を結びつつあるものから、あまり地域や住民に定着していないものまで様々だが、広報、災害、福祉、教育などには新しいメディアとして住民から評価されつつあるシステムも少なくない。同時に、デジタル化やネット化など放送と通信の融合という課題に、無視することができない状況がある。とりわけ規模の小さなMPISにおいて、人と資金の不足に悩まされながらも、ユニークな活動を続けているシステムにこそ、地域情報化の本領を見る思いがした。とかくテレビの事業は派手な面が目立つなかで、地道に地域情報の絶え間ない提供と住民コミュニケーションの大切さを意識しながら、日常業務を続けているスタッフ諸氏には頭のさがる思いを味わった。こうした底辺の目立たないが必要な情報を追い求め続ける努力がなければ、地域情報が真価を発揮できることはない。

この度の三年にわたる調査では、本論で挙げたCATVシステム以外にも数多くの関係者から貴重な話や資料をいただいている。いちいちお名前を記すことは省略させていただくが、この場を借りて、感謝を申しあげたい。とりわけ社団法人日本農村情報システム協会には、貴重な資料を提供いただいた。ここにお礼を申しあげたい。

われわれの研究チームには、はじめから山口秀夫教授が参加され、ともに多くのCATV施設を回っていただいたが、氏は米国のCATVに関する研究にもお詳しいことから、とくに米国のCATV事情についても本書に寄稿願った。読者にとって日本と米国とのCATV比較に役立つことを願っている。

最後に、一九九七年度から三年間われわれの研究チームに対する研究費を計上していただいた中央大学社会科学研究所に心からお礼を申しあげる。

二〇〇〇年一〇月

研究代表者　林　茂樹

目次

日本の地方CATV

第一章　日本における地方CATVの展開過程

林　茂　樹

第一節　地域情報化とCATV

一　地域共同体の崩壊とコミュニケーション形態の変容

第二次世界大戦後、とりわけ高度経済成長以降、日本の伝統的地域共同体は、村落においてのみならず都市においても著しくその構造と機能および人間関係において変容を来した。資本主義社会の成熟は、効率と合理化が極度に進み、生産と消費、労働と余暇、居住と移動、人間関係とコミュニケーション等々、それまで続いた、いわゆる近代化の流れを一方では急速化し、他方で変形させてきた。

高度かつ大規模化を目指した工業立国は、成長政策の下に、それなりの成果をあげたが、国民生活と地域生活に急激な変容を強いた。とりわけ、相対的独自性を維持していた地域社会と地域生活は、都市に対する村落の従属化を必然化させ、大都市は無際限な大都市圏を波状的に拡大し、他方で地方都市や村落は、脆弱化するという地域格差を助長していった。

これらのことは、地域の産業構造や生活構造を否応なく変容させたが、トランスポーテーションとコミュニケーションの変化が、これから述べようとする内容に大きく関わってくることになる。

都市共同体と村落共同体とは、自ずからその構造も機能も違いはあるが、しかし、高度成長期までは両者の近隣関係、生活圏、行動空間などには伝統的な行動様式が存在していた。だが、一九六〇年代以降、それらの形態や様式が大きく変容し、新たな地域構造や行動様式を作り替えていくことになる。都市への人口と産業の集中は、村落の過疎化を再生産し、その関係は是正の必要を唱えながらも是正されず今日に至っている。

トランスポーテーションの発達は、人と物の移動を頻繁化させ、かつスピード化を推し進めた。とりわけ高速道路、新幹線網、航空機の飛躍的な増加は、国内のみならず海外への移動においても容易かつ頻繁化を促し、そのことが高度成長の証の如く喧伝されている。他方で、コミュニケーションの変化は、第一義的には社会構造の変化に伴う人間関係の変化の反映としてのパーソナル・コミュニケーションの変化であり、第二義的にはマス・メディアの飛躍的な発達に伴うマス・コミュニケーションのあり様の変化である。

二　地域メディアの変容とＣＡＴＶへの期待

日本における地域情報や地域メディアを歴史的に見直すならば、マス・メディアに連動するメディア・コミュニケーションは、当初は圧倒的にローカルなものであり地域メディア的なものであった。しかし、メディア・コミュニケーションの発展過程で、全国化や全国シェアーを目指し、それを遂行し実現した多くのメディアが今日に継承されているのも事実である。この両者の競合関係を制度的に強制し、今日に引き継がれている全国五紙と一県一紙に統合された一九四二年頃が日本のマス・メディア勢力地図を決定的にした。とくに、一県一紙制は、マス・メディアの地方支配を都道府県に集約することにより、メディアと言論の支配を中央で効率的に行う強権制でもあった。さらに、戦

第１表　CATVの規模別施設数及び事業者数

区　分		施設数				事業者数			
		9年度末	10年度末	増加数	増加率	9年度末	10年度末	増加数	増加率
引込端子数501以上（許可施設）	自	640	653	13	2.0%	513	524	11	2.1%
	再	1,244	1,249	5	0.4%	581	577	▲4	▲0.7%
	合計	1,884	1,902	18	1.0%	1,094	1,101	7	0.6%
引込端子数51～500（届出施設）	自	333	377	44	13.2%	207	214	7	3.4%
	再	35,141	35,736	595	1.7%	19,750	20,006	256	1.3%
	合計	35,474	36,13	639	1.8%	19,957	20,220	263	1.3%
引込端子数50以下（小規模施設）	自	—	—	—	—	—	—	—	—
	再	30,876	31,527	651	2.1%	22,300	22,560	260	1.2%
	合計	30,876	31,527	651	2.1%	22,300	22,560	260	1.2%
計	自	973	1,030	57	5.9%	720	738	18	2.5%
	再	62,261	68,512	1,251	1.9%	42,631	43,43	512	1.2%
	合計	68,234	69,542	1,308	1.9%	43,351	43,881	530	1.2%

注）１　施設区分は次のとおり
許可施設……引込端子数501以上の施設
届出施設……引込端子数51以上500以下の施設，及び引込端子数50以下の施設で自主放送を行っている施設
小規模施設…引込端子50以下の施設で，同時再送信のみを行っている施設
２　自：自主放送を行う施設
再：再送信のみを行う施設
（出典）『郵政トピックス』郵政省1999.12月号 p.10

後、この体制が崩壊することなく依然として存続していることは、メディア側が都道府県をエリアとする地域情報装置の拠点として有力な民放ラジオやテレビの多くがその先輩格である県紙の母体から生まれ、放送のサービスエリアを原則として県域に設定していることからもうかがえる。

一九五三年にわが国のテレビ放送が開始されたが、当初その視聴は、主として東京、大阪、名古屋の三大都市域に集中していたため、当然他の地域からテレビ視聴の要望が出てくる。ＮＨＫは、放送法に明記されている如く、全国あまねく放送サービスを施行すべく地方局やサテライトを立ち上げようとしたが、一挙に

施行することができなかった。しかし急いで段階的に全国にテレビ視聴が可能な設備を建設した。他方で、民放各局は、大都市を拠点として県域レベルの民放局を立ちあげていった。

テレビ放送開始とともに起こるべくして出てきた問題は、テレビ電波の届かない地域からのテレビ視聴に対する要請である。群馬県伊香保、岐阜県郡上八幡、静岡県下田市などではいち早くテレビ放送の共聴施設を協同組合方式を主体とした組織で創設し、最も早い時期のCATV放送サービスを行った。このシステムが、所謂《いわゆる》CATV第一期の難視解消の時期といわれるものである。この頃の難視解消のためのCATVは、自然条件による電波の弱化や歪みを是正するために、当該地域の最も高い山の山頂にメインアンテナを立てケーブルで山頂から一定規模の集落に電波を分配する限定的な地域CATVのシステムであった。

今日でも、CATVの圧倒的多数は、難視解消のための施設であるが、その内の大多数は都市難視型で占められている。すなわち、自然条件によるテレビ電波の阻害ではなく、都市施設、主として高層ビルやその密集のためにおこるテレビ電波の歪みによるテレビ難視を原因とし、それを解消するためにCATV施設が規模の大小はあるにせよ大多数を占めているのである。

一九五三年以降、地方でテレビ電波が届かなかったり、歪みを起こし、まともなテレビが見られない地域でも、特に先に記した地域に見られるような地域特性は、主として観光地であったり温泉地であったりした。当該地域の有力者や電気店の組合からは、なんとかしてテレビが見られる地域として、その設備を自分たちで立ち上げ、観光客や地域住民の関心を集めようという期待が大きかった。そのことが、地域の活性化に結びつくという意図をも持った。

当時は、まだ地上波のテレビもNHKと各県民放局一局程度であったが、新しいメディアとしてのテレビに対する興味と願望は、自立経済が軌道にのりだしそれに続く高度経済成長への萌芽が見えつつあるなかで、いやましに増幅していった。それは、テレビ受像機の国産化とテレビ事業の大量免許という政策とで相乗効果をもたらし、新しいマス・メディアとしての地位を確固とした地位たらしめようとしていた時期でもあった。

当初、ＣＡＴＶに使用されるケーブルは今日普及している同軸ケーブルではなく、フィーダー線であった。このフィーダー線は、テレビチャンネルが一〇チャンネル程度送信できる能力をもっていた。したがって、当時の地上波テレビの電波を受信し、同時再送信するためには十分であった。たとえば、「下田有線放送テレビ」では、東京からの電波と静岡からの電波の双方をキャッチし、当該地域に送信した。そのため、圏域外の電波をも受信していた。

初期の地方ＣＡＴＶ局は、地上波の同時再送信のみならず空きチャンネルを使って、当該地域独自のテレビ番組をつくり、それを住民に流す方法をアメリカのＣＡＴＶの例にならって行いだした。これがＣＡＴＶ自主制作番組である。いわば第二期の段階と言われる時期であり、同時再送信＋自主放送を行うＣＡＴＶ施設の登場である。

このころのＣＡＴＶ自主放送は、ＮＨＫはじめ一般の民放局が放送している番組に比べれば、大人と幼児ほどの差異が見られる。今日でも地方ＣＡＴＶ局の自主制作番組は、番組内容や企画にその差異が従来と余り変化がないという意見を多く聞く。この問題は、後に述べるが、初期のＣＡＴＶ自主制作番組は、設備、担当者、人員、資金等から見ても、極めて弱小であり、個人的な能力と情熱とによって制作され、運営がなされていた。このことは、今日に至るも同じ問題を抱えている。

当初、極めて狭い施設のなかで、一台の固定カメラを用い、数枚の厚紙にマジックペンで書かれたお知らせを、紙芝居のように一枚ずつ紙をずらしたものをカメラで写し、それを住民に送信するといった形式、そしてその映像と前後して素人のアナウンサーが喋ったり、音入れをするといった方式で自主放送が提供されていたのである。勿論、ニュースにしろお知らせにしろ、日替わりの情報提供を行うＣＡＴＶ局はほとんどなく、一週間同じ情報が繰り返し提供されるといったものが大半を占めていた。まさに手づくりで素朴そのものであった。そのため、一方でCATV自主放送はつまらないという批判が多いなかで、CATV事業者や地域住民のなかには、その自主放送に一定の価値を見いだしていた。大規模なテレビ局ではカバーしきれない地域独自の情報と親しみを共有していたからである。

昭和三〇年代から起こった素朴なCATVの設立をきっかけとして、その後四〇年代後半に起こった第一次CATVブームは、難視聴解消と自主放送を主目的とするCATVの立ち上げであり、地方の多くの地域からCATV局の名乗りをあげている。このことを可能ならしめる条件としてのCATV技術の発展、とりわけ同軸ケーブルの開発がケーブルの耐用年数の拡大と、より多くのチャンネルを使用することができるというものであった。さらに、テレビカメラの小型化や高性能化、ミキサーや編集機等の廉価化や効率化が促進材となった。したがって、観光地とか温泉地に限らず多くの地方都市からもCATVの事業が展開されてくるようになった。

そうしたなかで、地方の農山村を対象としたCATV建設の動きが顕著に見られるようになる。それが今日まで継承されているMPIS（Multi Purpuse Information System＝農村多元情報システム）施設である。

三　政策としての地域情報化とCATV

行政レベルと産業レベルから高度情報化が志向され、その攻勢が顕著に現れだしたのは一九七〇年代以降である。その政策的基礎には、第三次および第四次の全国総合開発計画が位置づけられる。とりわけ、オイルショック以降の低成長を迎えて、国土開発計画の全面的見直しが必要とされ、第四次全国総合開発計画（以下四全総）において、情報・通信関連部門の大枠が提示され、それにともなう各省庁の情報化政策がはなばなしく展開しだしたのである。すなわち、四全総において、「『交流ネットワーク構想』における交流の意義と活用」について、次のように述べている。

「交流の活発化は、地域間の市場や資源を相互に活用することによって経済活動範囲を拡大、活発化し、自らの地域のもつ風土や歴史に培われた独自性への再確認から地域アイデンティティを涵養し、また、地域相互が個性豊かな異質なものに接触することによって、社会全体の活性化、新たなものの創造を可能にする。

そのため、この計画では、交流の拡大による地域相互の分担と連携関係の深化を図ることを基本とする交流ネットワーク構想の推進により多極分散型国土の形成を目指す（1）」。

この「交流ネットワーク構想」の基本的な考え方を受けて、情報交流の二一世紀までの予測を次のように行っている。

「情報交流については、産業・経済分野において、同業種間、異業種間をまたぐ複合的なネットワーク化が急速に進展していくとともに、光ファイバー等を活用した高速大容量のディジタル通信が普及する。また、家庭分野においても、ファクシミリやビデオテックスなどの電話以外の多様なパーソナルメディアの利用が一般化する。さらに、地域社会において、産業振興、教育・医療機会の均等化等にこたえる情報・通信システムが定着するなど、各分野の様々な局面で情報交流が活発化する。

これらの動向から、昭和七五（二〇〇〇）年における全国の総情報量を昭和五九年の約三・〇倍と想定する。このうち電話、テレビ、データ通信等の電気通信系メディアによるものは、約三・一倍、郵便、新聞等の輸送系メディアによるものは、約一・四倍の伸びを示す。電気通信系メディアのうち電話、電信、テレビ等の既存メディアによるものは、約二・一倍に止まるものの、データ通信、ファクシミリ、高度なCATV等の新たな情報・通信メディアによるものは、約二〇倍と飛躍的に増大する」(2)。

こうした予測を前提にして、情報・通信体系の整備における基本的方向については以下のように述べている。

「情報化の進展は、企業間の複合的なネットワーク化や家庭における多様な情報・通信メディアの普及等を通じ、地域間の時間と距離を克服し、様々な局面での交流の可能性を拡大する。このため、諸機能の地方分散や地域の発展を促す戦略的、先行的基盤の一つとして、高度な情報・通信体系を整備していく必要がある。これらの整備にあたっては、自由で公正な競争条件の下で、民間部門の創意と工夫によって進めることを基本とし、公的部門と民間部門の適切な役割分担により民間活力の適切な支援・誘導を図る」(3)。

右の基本的方向に対しての目標は、①ランダムアクセス情報圏の構築、②国際化に対応した情報・通信機能の強化、③強靭で適応力に富む情報・通信基盤の形成をうたい、さらに高度な国内情報・通信体系の形成にあたっては、ISDN(サービス総合デジタル網)の全国展開をうながすことにより、高度で多様な情報・通信サービスの実現を図ろうとしている(4)。

以上のような全国的レベルでの情報・通信体系の整備にともない、地域社会における情報・通信基盤の整備計画としては、情報の生産、伝達、蓄積といった地域の情報アクティビティの向上をうながし、地域の独自性を高めるため、各地域の自主的な情報化ビジョンのもとで、地域の特性に応じて、CATV網の整備やビデオテックス、文字放送等の普及、データベースの充実をうながしている。また、テレビ放送の多局化やＦＭ放送の全国的普及・多様化をも促進する一方、地域の産業振興・教育・医療機会の均等化、観光・地場産品情報の全国への提供等をうながす地域の情報・通信システムの整備の推進をうたっている。(5)

四全総の情報化構想が打ち出されて以降、各省庁が発表した情報化推進策は、右の主旨がベースになり、各省庁の行政権限を可能な限り広げ、影響力を地域や自治体に与えるべく、それぞれが独自の思惑をこめて策定されてきた。(6)

四　地方ＣＡＴＶ政策の典型――ＭＰＩＳを中心として

先に述べた国の地域情報化政策のなかで、比較的早い時期から具体的に取り組み、しかも将来のマルチメディア化をも予測した政策を打ち出したのは農水省のＭＰＩＳ（農村多元情報システム）である。ＭＰＩＳは、農水省の農村総合整備事業の一環としてスタートし、農山村地域にＣＡＴＶ施設を中心とした情報システムの配備をはかり、農業生産の効率化と活性化を進めながら、地域のトータルな活力を招来させようという目的で政策浸透がはかられた。

昭和四〇年代後半に起こった第一次ＣＡＴＶブームが背景にあることは言うまでもないが、当時、民間業者が事業採算性などから農村地域にＣＡＴＶを立ち上げることはむずかしいため、農水省が助成して市・町・村および農業協同組合などの公共団体を事業主体としてＣＡＴＶの普及をはかったことから始まる。それがＭＰＩＳなのである。

農水省の助成によってＣＡＴＶが導入される以前の昭和四〇年代後半、農協等によって自力でＣＡＴＶのシステムを立ち上げ運営しようとする動きがあった。その下地になったのは、昭和三〇年代前後に当時の農林省の助成によって全国の農山村に普及した有線放送電話施設である。

有線放送電話施設は、当時のニューメディアであり、最盛期には二、六〇〇施設ほどが町村営あるいは農協営で設置されていた(7)。

これらの施設は、戦後の新農村建設運動の推進役として、農山村の復興、農業の生産性向上、農業・農村社会の改善に大きな役割を果たした。すなわち、農山村地域に電話を普及させるという当時の情報化によって、地域の活性化をはかり、産業を振興し、地域住民の福祉を増進しようという気運はすでにこのころより始まっていたと見られる。

しかし、有線放送電話の実績と経験からCATVの普及が順調に進んだわけではない。この経験を生かして、CATVによるテレビの同時再送信と自主放送を立ち上げても、一方でNHKも民放も中継局やネット局を増やしたり、他方でCATVの自主番組の幼稚さと単調さに対して、地域住民は必ずしもCATVを必要とするまでには至らなかった。さらに、電電公社の電話回線の普及が進むにしたがい、多くの有線放送電話は廃止に追い込まれていったため、初期の自主放送を立ち上げたCATVが有線放送電話の延長線上で発展した施設は数少ない。たとえば、群馬県伊香保、岐阜県郡上八幡、栃木県塩原などのCATV施設は数年で消えていったが、山梨県河口湖町や兵庫県鮎原農協(一九九五年一二月五色町CATVの完成とともに発展的解消)静岡県下田市などのCATVは今日に至るまで存続している。

全国農協中央会は、昭和四六(一九七一)年、農村CATV研究会(会長=宮脇朝男)によって、当時ブームになりつつあったCATVの仕組みを発展させ、農山村地域における生産と生活に関する多元的な情報を提供し、自主制作番組による自主放送を本命とする情報装置の設置を提案した。さらに、放送以外にもCATVのケーブルを活用した多様な情報により、農業の振興、農村生活の改善、農村地域の活性化のために機能を発揮する情報システムのあり方の研究を三年間続けた。その結果が農村多元情報システムすなわちMPISの構想としてまとめられたのである。農水省が農山村地域への助成によってCATVを普及させるにあたって、その導入を指導する専門機関として、社団法人日本農村情報システム協会（以下システム協会）が一九七五年設立されている。これは、先の有線放送電話施設が農村に導入された当時、国の助成による施設の工事をめぐって施工業者がその導入にあたり激しく競争し、そのために農村はこれらの草刈り場の観を呈した。したがって、ＣＡＴＶの導入には有線放送電話施設に比べ格段に多額の投資が必要で、しかもハードについてもソフトについても高度で専門的な知識を必要とするため、システム協会を発足させ過去の苦い経験を繰り返さない態勢を構築したのである。当協会の設立後は、農山村地域の実状に即した有効な情報システムの立ち上げに際し、施工業者等の過剰な競争による混乱もなく、施設・設備の導入が行われつつある。

システム協会では「農村多元情報システム施設標準設計指標作成委員会」（一九七五年）を設置し、ＭＰＩＳの基本設計および実施設計の基準となる標準仕様を作成し、これによりシステム協会がＭＰＩＳ施設を導入することに決まった市・町・村・農協などの委託を受けて、基本計画樹立のためのコンサルティングならびに実施設計を行っている。しかし、ＭＰＩＳ施設を導入する事業主体である自治体や農協などの公共団体は、ＣＡＴＶの専門業者に比べ、まったくの素人集団であり、自主放送の番組制作も役場の行政組織の一部署でしかも少人数の職員がこれを担当するという実態であるので、システム協会は、全国有線テレビ協議会という組織を通じてＭＰＩＳの運営指導にあたることとした。

ところで、二〇〇〇年でＭＰＩＳ施設が農水省の補助事業として市町村・農協等に整備費の補助を受けるようになって二五年を経過した。この間、八〇余の市町村等がこの補助事業においてＭＰＩＳ施設の整備を行い、農業生産や農村生活等の分野に利活用され、地域振興に一定の貢献を行ってきた。したがって、国の施策としての助成制度がなければ市町村の地域情報化の進展は相当遅れたといえる。また、二〇〇一年の省庁編成にともなって、補助事業の内容や仕組みが変わっていくことも予想できる。

第 2 表　MPIS 施設一覧表（1999年10月現在）

NO	1	2	3	4	5	6	7	8	9	10
事業主体名	下市町（奈良県）	国府町（岐阜県）	大飯町（福井県）	土成町（徳島県）	柳田村（石川県）	寒川町（香川県）	大山町（大分県）	川上村（長野県）	朝日村（長野県）	豊　町（広島県）
事業名	モデル	（旧）モデル （新）田園マルチ	電源立地	新農構	モデル	新農構	（旧）新農構 （新）確立農構	山村振興	新農構	コミュニティアイランド
開局年月	1974.11	1978.10	1980.5	1984.1	1984.10	1985.1	1987.4	1988.1	1988.4	1989.1
担当部署（職員数）	情報センター 6 名	地域振興課 5 名	企画情報課 6 名	情報課 3 名	総務課・情報センター 4 名	情報税務課 5 名	総合企画室 5 名	企画課 3 名	経済課 6 名	情報課 4 名
総世帯数（戸）	2,940	1,997	1,800	2,379	1,400	1,711	1,037	1,235	1,230	1,444
契約者数（戸）	2,905	1,901	1,800	1,926	1,350	1,630	1,037	1,235	1,170	1,426
加入金（円）	40,000	90,000	0	55,000	20,000	50,000	75,000	0	50,000	0
利用料（月／円）	400	TV 1,000 TV＋電話 1,600	0	1,500	1,000	1,000	2,000	0	1,300	0
TV 再送信	9	7	7	8	7	7	10	9	6	6
衛星放送 BS 通信衛星 CS	2 1	3 3	3 5	2 1	3 5	3 7	3 1	2 1	2 6	3 1
自主放送チャンネル	1	8	1	1	2	1	10	1（うち気象1）	2（うち気象1）	1
多目的サービス		音声告知放送（TDMA） 多重情報検索システム（MIOD） 屋外拡声放送	音声告知放送（含文書伝送）	音声告知放送（含文書伝送）	音声告知放送	音声告知放送（含文書伝送） 公共施設遠隔管理システム 在宅健康管理支援システム	多重情報検索システム（MIOD） 農業気象情報システム 学校間放送システム 音声告知放送（TDMA） パソコン通信	音声告知放送 農業気象情報システム 野菜市況速報	音声告知放送（含文書伝送） 農業気象情報システム 配水池水位監視システム 緊急情報警報システム	
局　名	下市町情報センター（SIC）	国府町有線テレビ放送（KHK）	大飯町有線放送（OH-CATV）	土成町農村情報連絡施設（DHK）	柳田有線テレビ放送（YJC-TV）	寒川町有線テレビ（STB）	大山町有線テレビ（OYT）	川上村ケーブルビジョン（KCV5ch）	朝日村有線テレビ放送センター（AYT）	豊町有線テレビジョン放送施設（YCN）
備　考							H 8 年機能拡充			

NO	11	12	13	14	15	16	17	18	19	20
事業主体名	国府町農事放送農協（徳島県）	山形村（長野県）	北山村（和歌山県）	西興部村（北海道）	滝野町（兵庫県）	泊　村（北海道）	加悦町（京都府）	美津島町（長崎県）	豊田村（長野県）	石井町有線放送農協（徳島県）
事業名	モデル確立農構	新農構	山村振興	山村新構	新農構 自治体ネット	電源立地	防災まちづくり	モデル	新農構	新農構
開局年月	1989.04	1989.07	1989.10	1989.11	1990.09	1991.04	1991.09	1992.04	1992.04	1992.04
担当部署（職員数）	11名	情報課 ７名	総務課 １名	企画課 １名	TCC局 ６名	有線放送課 ４名	行政課情報室 ４名	文化情報室 ６名	情報センター ３名	CATV係 ７名
総世帯数（戸）	9,950	2,100	317	562	2,600	874	2,296	2,870	1,350	8,050
契約者数（戸）	6,050	1,800	305	562	2,502	874	1,900	2,870	1,329	5,740
加入金（円）	80,000	20,000	40,000	0	40,000	0	10,000	50,000	50,000	90,000
利用料（月／円）	1,500	1,300	0	0	1,000	0	1,000	500	1,600	1,800
TV 再送信	9	7	7	6	8	7	7	10	11	9
衛星放送 BS 通信衛星 CS	3 6	2 1	2	3	3 5	2	2 5	2	2 1	2 1
自主放送チャンネル	2 （内気象1）	2 （内気象1）	1	1	2	1	1	2 （内気象1）	2 （内気象1）	1
多目的サービス	農業気象情報システム	音声告知放送（含文書伝送） 農業気象情報システム		音声告知放送	緊急告知サービス 在宅健康福祉支援サービス CATV インターネット（実験）	音声告知放送（含文書伝送） 公共間連絡システム	音声告知放送	音声告知放送 農業気象情報システム	音声告知放送（含文書伝送） 農業気象情報システム	
局　名	国府町CATV（KBC—TV）	山形村農村情報センター（YCS）	北山村有線テレビ放送（KCB）	西興部村コミュニケーションネットワーク（NCN）	滝野ケーブルコミュニケーション（TCC）	泊村有線テレビ（TYT3ch）	加悦町有線テレビ（KYT3ch）	美津島町有線テレビ（MYT）	豊田村有線テレビジョン（TCV）	石井町有線放送農業協同組合（IHK 石井CATV）
備　考										

NO	21	22	23	24	25	26	27	28	29	30
事業主体名	大川町（香川県）	北相木村（長野県）	豊橋市北部農協（福井県）	関宮町（兵庫県）	園部町（京都府）	盛岡市（旧都南村）（岩手県）	馬頭町（栃木県）	下部町（山梨県）	松任市（テレビ松任）（長野県）	信州新町（長野県）
事業名	新農構	過疎債	新農構	モデル	（旧）モデル（新）田園マルチ	モデル	モデル	中山間	活性化農構	新農構
開局年月	1992.04	1992.04	1992.05	1992.05	1992.10	1992.10	1993.04	1993.04	1993.04	1993.12
担当部署（職員数）	企画情報課 5名	総務企画課 2名	広報課 5名	情報課 5名	園部町情報センター 8名	広聴広報課有線テレビ係 12名	情報課 9名	企画観光課情報放送係 4名	14名	総務課 5名
総世帯数（戸）	1,971	376	8,050 (2,048)	1,392	5,600	10,611	3,734	2,083	18,256	2,301
契約者数（戸）	1,826	376	1,860	1,392	5,474	5,544	3,302	2,080	14,631	2,257
加入金（円）	50,000	0	80,000	30,000	40,000	20,000	30,000	0	0	51,550
利用料（月／円）	1,000	0	1,500	1,000	300	500/年	1,200	500	1,000 or 3,000	1,200
TV 再送信	12	11	8	7	8	6	8	7	6	6
衛星放送 BS 通信衛星 CS	3 8	2 1	2 1	2 1	3 6	2 3	3 1	2 1	3 15	3 1
自主放送チャンネル	2	2	1	1	2	2	1	1	3（内気象1）	2（内気象1）
多目的サービス	音声告知放送 農業気象情報システム	音声告知放送（含文書伝送）	音声告知放送（含文書伝送）農業気象情報システム	音声告知放送（含文書伝送）下水道施設遠隔監視システム	音声告知放送（含文書伝送）CATV/LAN	音声告知放送（含文書伝送）屋外拡声放送	音声告知放送	音声告知放送	音声告知放送（含文書伝送）農業気象情報システム	音声告知放送 農業気象情報システム
局　名	大川町有線テレビ (OYH)	北相木村多元情報連絡施設 (KMT)	コミュニケーション豊橋市北部テレビジョン(CTT)	関宮町有線テレビジョン (SYT)	園部情報センター (SIC)	テレビ都南 (TVT)	ケーブルテレビばとう (CTB)	下部コミュニケーションテレビ (SCT)	あさがおテレビ	コミュニティネットワーク信州新町 (CNS)
備　考										

NO	31	32	33	34	35	36	37	38	39
事業主体名	飯島町(旧飯島町有線放送農協)(長野県)	駒ヶ根市(旧エコーシティ駒ヶ根)(長野県)	藍住町(エーアイテレビ㈱)(徳島県)	板野町(エーアイテレビ㈱)(徳島県)	長尾町(香川県)	北上市(和賀有線テレビ㈱)(岩手県)	大内町(秋田県)	高富町(岐阜県)	豊丘村農事放送農協(長野県)
事業名	活性化農構	活性化農構	活性化農構		活性化農構	活性化農構	活性化農構	活性化農構	活性化農構
開局年月	1993.11	1994.04	1994.01		1994.04	1994.04	1994.04	1994.04	1994.04
担当部署(職員数)	3課 17名		12名		情報課 6名	6名	情報センター 8名	有線テレビ局 9名	専門農協 6名
総世帯数(戸)	13,700		13,786		4,019	5,500	2,480	5,436	1,831
契約者数(戸)	9,460		6,760		2,847	2,750	2,348	4,600	1,725
加入金(円)	TV 17,000 TV＋電話 130,000		90,000		70,000	70,000	30,000	50,000	123,500
利用料(月／円)	TV 1,800 TV＋電話2,000		1,500		1,500	3,000	1,300	250/年	2,700
TV 再送信	6		10		12	6	5	8	6
衛星放送 BS 通信衛星 CS	3 5		3 5		3 8	3 7	3 8	3 2	2 1
自主放送チャンネル	3(内気象1)		1		2(内気象1)	6(内気象1)	2(内気象1)	2(内気象1)	2(内気象1)
多目的サービス	音声告知放送(MCA/C) 農業気象情報システム 農業集出荷情報システム				音声告知放送(含文書伝送) 農業気象情報システム サイレン吹鳴システム	音声告知放送 農業気象情報システム 多重情報検索システム(MIOD)	音声告知放送(含文書伝送) 農業気象情報システム	音声告知放送(含文書伝送) 農業気象情報システム	音声告知放送(MCA/C) 農業気象情報システム
局　名	エコーシティ・駒ヶ岳(CEK)		エーアイテレビ(AITV)		長尾町CATVネットワーク(NCN)	和賀有線テレビ(WTV)	大内町ネットワークテレビジョン(ONT)	高富町有線テレビ(CCT)	とよおか放送ネットワーク(THN)
備　考	1997.04 ㈱エコーシティー・駒ヶ岳合併		藍住町・板野町広域						

NO	40	41	42	43	44	45	46	47	48	49
事業主体名	旧野市町施設農協(香南施設農協)(高知県)	吉川村(香南施設農協)(高知県)	香我美町(香南施設農協)(高知県)	赤岡町(高知県)	夜須町(香南施設農協)(高知県)	大和村(山梨県)	上中町住民センター(福井県)	南牧村(長野県)	掛合町(島根県)	野沢温泉村(長野県)
事業名	活性化農構	確立農構			同左	山村振興	活性化農構 電源立地	活性化農構	活性化農構	活性化農構 山村振興
開局年月	1994.04	1997.04			1994.04	1994.08	1994.11	1994.12	1994.12	
担当部署(職員数)	10名					企画観光課(兼) 3名	広報室 7名	企画商工課 2名	企画情報課 4名*	情報センター室 5名
総世帯数(戸)	5,080	900	2,266	1,551	1,675	544	2,189	1,046	1,332	1,392
契約者数(戸)	4,547					544	2,058	1,040	1,367**	1,603*
加入金(円)	50,000					30,000	110,000	33,000	30,000	30,000
利用料(月／円)	1,700					500	1,000	0	1,050	1,800
TV 再送信	5					8	7	11	5	6
衛星放送 BS 通信衛星 CS	3 9					2	2	2 1	2 1	2
自主放送チャンネル	2					1	2(内気象1)	2(内気象1)	2(内気象1)	2(内気象1)
多目的サービス	音声告知放送(TDMA) 多重情報検索システム(MIOD) 農業気象情報システム					音声告知放送(含文書伝送)	音声告知放送(MCA/C) 農業気象情報システム	音声告知放送(MCA/C) 農業気象情報システム パソコンネットワーク 在宅健康管理支援システム	音声告知放送(含文書伝送) 農業気象情報システム	音声告知放送(MCA/C) 農業気象情報システム 連帯チャイム テレホンサービス スキー場情報 夏季観光情報
局　名	香南ケーブルテレビ(KCTV)					大和村コミュニケーションテレビ(大和コミテレ)	ケーブルネットワークかみなか(CNK)	八ヶ岳高原テレビジョン(YKTV)	掛合町有線テレビジョン放送(KCTV　)	テレビ菜の花(TN―5)
備　考	野市町・香我美町・夜須町・赤岡町・吉川村(1997.07広域化)								*臨時職員1名含む **事業所含む	*事業所含む

NO	50	51	52	53	54	55	56	57	58	59
事業主体名	高根町（山梨県）	久世町（岡山県）	美弥市（山口県）	長谷村（長野県）	羽合町㈱ケーブルビジョン東ほうき）（鳥取県）	東郷町㈱ケーブルビジョン東ほうき）（鳥取県）	北条町㈱ケーブルビジョン東ほうき）（鳥取県）	市場町（徳島県）	富士町（佐賀県）	和泊町（鹿児島県）
事業名	活性化農構	新農構リープロ自治体ネット	活性化農構	自主	活性化農構	確立農構	確立農構	活性化農構	活性化農構	活性化農構
開局年月	1995.04	1995.04	1995.04	1995.04	1995.04	1997.04		1995.10	1996.04	1997.04
担当部署（職員数）	総務課 6名	（財）久世エスパス振興団体 7名	農林課 山口美弥農協 8名	経済課 9名（兼務5名）	事業部 10名			情報課 5名	企画課 5名	企画課 6名
総世帯数（戸）	2,994	3,652	6,811	745	2,273	1,822	2,261	3,463	1,446	2,863
契約者数（戸）	2,583	2,936	5,310	727	1,979	1,578	1,946	3,291	1,446	2,722
加入金（円）	30,000	30,000	10,200	75,000	0	25,000	15,000	70,000	50,000	0
利用料（月／円）	1,500	2,000	1,530	1,500	1,200			1,000	1,000	500
TV 再送信	7	8	9	11	7			9	11	9
衛星放送 BS 通信衛星 CS	2 1	2 7	3 1	2	2 1			3 3	2 1	3 1
自主放送チャンネル	2（内気象1）	1	1	町 1 民間 1	1			1	2（内気象1）	2（内気象1）
多目的サービス	音声告知放送（含文書伝送）農業気象情報システム 屋外拡声放送	音声告知放送	音声告知放送	音声告知放送（MCA/C）	音声告知放送（MCA/C）農業気象情報システム	音声告知放送 屋外拡声放送 農業気象情報システム		音声告知放送（含文書伝送）	農業気象情報システム	音声告知放送（含文書伝送）農業気象情報システム
局名	高根ふれあいテレビ（TFT）	久世町有線テレビ（KHK）	美弥市有線テレビ（MYT）	ふれあいネットワーク長谷（CNH）	ケーブルビジョン東ほうき（HCV）			市場町ケーブルネットワーク（ICN）	ふじ有線テレビ（FYT）	サンサンテレビ（SSTV）
備考					羽合町・東郷町・北条町（1997.04広域化）					

NO	60	61	62	63	64	65	66	67	68	69
事業主体名	旭村 （山口県）	櫛引町 （山形県）	東伯町 （東伯地区有線放送㈱） （鳥取県）	大栄町 （東伯地区有線放送㈱） （鳥取県）	小渕沢町 （山梨県）	吉野町 （奈良県）	むつみ村 （山口県）	南牧村 （群馬県）	能都町 （石川県）	溝口町 （鳥取県）
事業名	山村振興	集落環境	確立農構		確立農構	確立農構	確立農構	確立農構	確立農構	モデル
開局年月	1996.04	1996.04	1996.07		1996.07	1996.10	1996.07	1997.04	1997.04	1997.04
担当部署 （職員数）	放送センター 5名	情報センター 7名	9名		企画課 4名	広報室 8名	有線テレビ放送センター 4名	企画観光課情報施設係 5名	ふるさと活性情報課 5名	情報システム課 5名
総世帯数（戸）	759	1,944	6,067		1,500	3,855	925	1,400	4,495	1,646
契約者数（戸）	759	1,740	4,508		町　520 民間　560	3,611	862	1,567 （事業所含む）	3,890	1,514
加入金（円）	0	35,000	20,000		60,000	50,000	20,000	30,000	20,000	20,000
利用料 （月／円）	1,530	1,800	1,500		2,000	1,600	1,520	1,200/年	900	1,000
TV 再送信	9	6	7		8	9	8	9	6	5
衛星放送 BS 通信衛星 CS	3 1	2 1	3 4		3 12	3 8	3 1	2 1	2 1	2 1
自主放送 チャンネル	1	2 （内気象1）	2 （内気象1）		町　1 民間　3	2 （内気象1）	2 （内気象1）	1	2 （内気象1）	1
多目的サービス	音声告知放送（含文書伝送） 農業気象情報システム	音声告知放送（含文書伝送） 農業気象情報システム	音声告知放送屋内・屋外（含文書伝送）農業気象情報システム 農業施設監視 多機能 FAX 農業用配水池監視 映像衛星発信 （集出荷予約，市況情報他）		農業気象情報システム 民間 CATV ネットワーク	音声告知放送（TDMA） 農業気象情報システム 水位情報システム	音声告知放送（含文書伝送） 農業気象情報システム	音声告知放送（TDMA） 農業気象情報システム 在宅健康管理支援システム インターネットサービス	音声告知放送（防災行政無線との連動） 農業気象情報システム	音声告知放送（含文書伝送）
局　名	旭村有線テレビ放送 （AYT）	櫛引町ケーブルテレビジョン （KCT）	グリーンネット東伯 （TCB）		にこにこすていしょん （Nist）	コミュティビジョン吉野 （CVY）	むつみ村ケーブルテレビ （MCT）	なんもくふれあいテレビ （NANMOKU）	能都町ネットワークテレビ （NNT10）	鬼の里テレビ溝口 （MCT）
備　考										

NO	70	71	72	73	74	75	76	77	78	79
事業主体名	八尾町（富山県）	三隅町（山口県）	豊浜町（広島県）	仁多町（島根県）	小浜市（福井県）	天城町（鹿児島県）	一宮町（山梨県）	加美町（兵庫県）	東員町（三重県）	西会津町（福島県）
事業名	確立農構*	確立農構	確立農構	確立農構	活性化農構 電源立地地域	活性化農構	活性化農構	確立農構	農村総合	確立農構 情報交流
開局年月	1997.04	1997.05	1997.06	1997.07	1997.08	1998.04	1998.04	1997.10	1998.01	1998.02
担当部署（職員数）	ケーブルテレビ八尾センター局 9名	有線テレビ放送センター 6名	建設経済第1課CATV係 3名	定住推進室 6名	事業課 4名	経済課 6名	いちのみやふれあいテレビ放送協会 5名	有線放送室 7名*	放送事業課 5名	ケーブルテレビ担当室 10名
総世帯数（戸）	6,275	2,175	1,142	2,405	10,270	2,945	3,361	1,976	7,576	2,904
契約者数（戸）	5,465	1,918	1,060	2,300	8,754	2,442	2,320	2,026**	7,576	2,558
加入金（円）	0	30,000	30,000	30,000	100,000	0	135,000	100,000	0	42,000
利用料（月／円）	2,500	1,500	1,000/年	1,030	1,000 ～3,000	1,000	800	1,500	0	1,500
TV 再送信	7	9	6	6	7	8	6	8	—	6
衛星放送 BS 通信衛星 CS	3 15	3 7	3 4	2 1	3 7	3 1	2 1	3 6	— —	3 12
自主放送チャンネル	13（内気象1）	2（内気象1）	2（内気象1）	2（内気象1）	3（内気象1）	2（内気象1）	2	3（内気象1）	1	2（内気象1）
多目的サービス	音声告知放送（TDMA） 多重情報検索システム（MIOD） 農業気象情報システム，CATV/LAN（インターネットサービス） 水位監視システム 防災行政無線	音声告知放送（含文書伝送） 農業気象情報システム	音声告知放送（含文書伝送） 在宅健康管理支援システム 農業気象情報システム 簡易水道監視システム	音声告知放送（含文書伝送） 農業気象情報システム	音声告知放送（MCA/C） 農業気象情報システム	音声告知放送（含文書伝送） 農業気象情報システム 屋外拡声放送	農業気象情報システム	多重情報検索システム（MIOD） 農業気象情報システム 在宅健康管理支援システム	農業気象情報システム 農業用水観測システム	音声告知放送（TDMA） 多重情報検索システム（MIOD） 農業気象情報システム 在宅健康管理支援システム
局　名	ケーブルテレビ八尾（CTY8）	有線テレビみすみ（YTM）	ケーブルとよはま（CTT）	ジョーホーにた	チャンネル0	天城町ユイの里テレビ（AYT）	いちのみやふれあいテレビ（IFT）	かみテレビ	東員ケーブルネットワーク（TCN）	西会津町ケーブルテレビ（NCT）
備　考	*先進地アプリケーション				*(株)ケーブルテレビ若狭小浜			*嘱託2名含む **事業所含む		

NO	80	81	82
事業主体名	南相木村（長野県）	上野村（群馬県）	奥津町（岡山県）
事業名	確立農構	山村振興	確立農構
開局年月	1999.04	1999.07	1999.06
担当部署（職員数）	総務課 3名	企画財政課 4名	総務課 5名
総世帯数（戸）	455	648	681
契約者数（戸）	455	648	592
加入金（円）	0	50,000	50,000
利用料（月／円）	1,500	500	1,000
TV 再送信	7	8	8
衛星放送 BS	2	3	3
通信衛星 CS	1	2	7
自主放送チャンネル	2（内気象1）	8	2（内気象1）
多目的サービス	音声告知放送（TDMA） 農業気象情報システム	音声告知放送（TDMA） 多重情報検索システム（MIOD） 農業気象情報システム	音声告知放送（TDMA） 多重情報検索システム（MIOD） 農業気象情報システム
局名	南相木村ケーブルテレビジョン（MCTV）	うえのテレビ（UTV）	もぎたてテレビ奥津（MTO）
備考			

（社）日本農村情報システム協会調べ

さらに、今日の経済不況による国と地方自治体等への税収の減収は、地方自治体の事業意欲を著しく減退させている。情報通信システム施設の整備を推進するにも、事業費を確保する見込みがむずかしい状況にある。このままでは、都市部と農村部との情報格差はより開くことになり、農村地域の情報化は一層遅れていくことになる。しかし、この二五年間におけるＭＰＩＳを中心としたＣＡＴＶ施設の農村地域への浸透は、わが国における地域情報化政策の一つのモデルとして記憶に留めておく必要があろう。その意味から、ここでは特に、農水省によるＭＰＩＳ政策の変遷を以下にまとめておきたい。

（1）　農村総合整備事業と農村ＭＰＩＳ施設について

(イ)　農村総合整備モデル事業

もともとＭＰＩＳ施設が農水省の補助事業となったのは、昭和四八（一九七三）年に創設された「農村総合整備モデル事業」に遡ることができる。この事業は、農業生産基盤と生活環境基盤を一体的・総合的に整備する事業として昭和四七（一九七二）年に創設された農村基盤総合整備パイロット事業を引き継いだ事業であり、地方農政局長が特に必要と認める事業である「特認事業」としてＭＰ

第１図　省庁別CATV施設助成事業の変遷

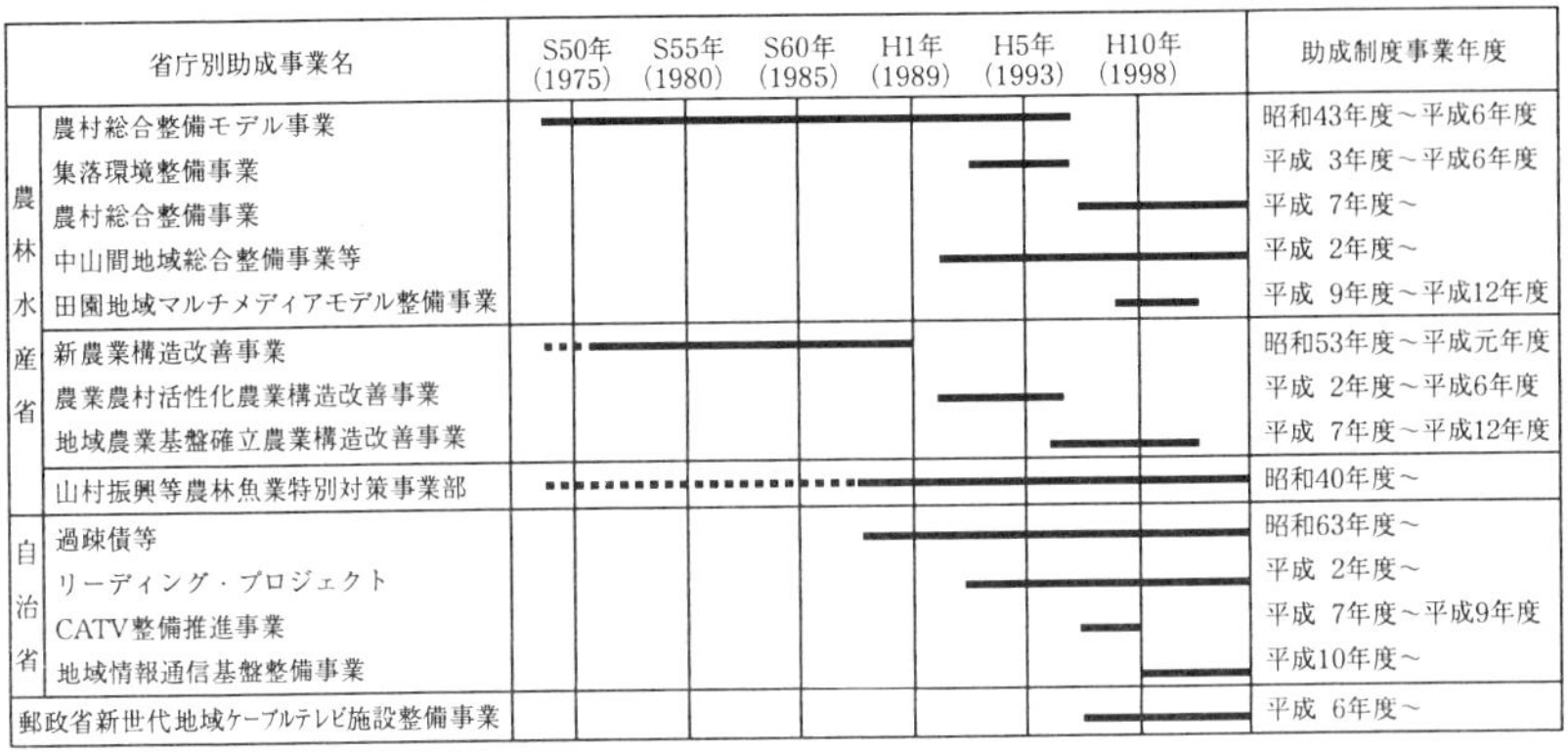

省庁別助成事業名	S50年(1975)	S55年(1980)	S60年(1985)	H1年(1989)	H5年(1993)	H10年(1998)	助成制度事業年度
農村総合整備モデル事業							昭和43年度〜平成6年度
集落環境整備事業							平成 3年度〜平成6年度
農村総合整備事業							平成 7年度〜
中山間地域総合整備事業等							平成 2年度〜
田園地域マルチメディアモデル整備事業							平成 9年度〜平成12年度
新農業構造改善事業							昭和53年度〜平成元年度
農業農村活性化農業構造改善事業							平成 2年度〜平成6年度
地域農業基盤確立農業構造改善事業							平成 7年度〜平成12年度
山村振興等農林魚業特別対策事業部							昭和40年度〜
過疎債等							昭和63年度〜
リーディング・プロジェクト							平成 2年度〜
CATV整備推進事業							平成 7年度〜平成9年度
地域情報通信基盤整備事業							平成10年度〜
郵政省新世代地域ケーブルテレビ施設整備事業							平成 6年度〜

（(社)日本農村情報システム協会調べ）

ＩＳ施設の整備につながる。

システム協会が、この事業でＭＰＩＳ施設の設計コンサルタントを請け負った数は、平成六（一九九四）年度末までに基本計画書作成が二八市町村であった。この事業でのＭＰＩＳ施設整備の第一号は、岐阜県国府町であり、次いで石川県柳田村、奈良県下市町と続き、昭和五〇年代がこの事業の中心的存在であった。

(ロ)　集落環境整備事業

平成三（一九九一）年度に創設された集落環境基盤整備事業が平成五（一九九三）年度に農村基盤総合整備事業（一九七六年度創設）と再編・統合され、集落環境整備事業が創設された。この事業は、集落単位の農村整備を目的とした事業で、事業メニューとして情報基盤施設が整備され、ＣＡＴＶ施設が整備されることになった。第一号は、滋賀県湖東町が本事業のＣＡＴＶ施設であり、平成五（一九九三）年度に立ち上がり、その後、新潟県能生町、山形県櫛引町等で整備された。

(ハ)　農村総合整備事業

平成七（一九九五）年度に従来の農村総合整備モデル事業と集落環境整備事業等を再編・統合された事業で、情報基盤施設に関する施設整備も事業内容が拡充された。この事業の目的は、「農村地域における自然的・社会的条件等を踏まえつつ、農業生産基盤の整備及びこれと関連をもつ農村生活環境の整備を総合的に実施するとともに、併せて都市と農村の交流促進のための条件整備をはかり、活力ある農村地域の発展に資する」ことである。この事業内容は、農業生産基盤整備、農村生活環境基盤整備、農村交流基盤整備からなっており、情報基盤施設の整備は、農村交流基盤整備の中の一つとして位置づけられている。事業地域は、一集落から数市町村の区域で整備が可能である。また、都道府県、市町村、一部事務組合が事業主体として事業を行うことができるようになっている。

兵庫県洲本市が平成八（一九九六）年からこの事業でCATV施設の整備を実施している。さらに、同年度から以下に示す事業が創設され、情報基盤整備がより一層拡充された。

① 高福祉型農村総合整備事業

高齢者・障害者に配慮した整備を実施する事業で、農村地域の情報収集・提供に加えて、高齢者・障害者等のための緊急情報の連絡、在宅医療・在宅介護等を可能とする情報伝達システムの整備を行うことができる。

② 緊急防災型農村総合整備事業

地域防災計画及び地区の生活環境基盤の整備状況を踏まえ、住民に対する農業情報の提供とともに災害時の情報伝達を行うために必要なCATV施設及び防災無線施設の整備を行うことができる。一九九九年秋現在、兵庫県南淡路地区及び但馬地区でこの事業のCATV施設整備を進めている。

③ 情報基盤施設整備型農村総合整備事業

都市と農村の情報格差を是正し、情報化による農業振興と農村地域の活性化を図る観点から、従来の農村総合整備事業の情報基盤施設整備に移動通信施設、及びテレワーク施設等に係わる基盤整備の追加が行われた（一九九七年度創設）。

（2）　農業構造改善事業について

農業構造改善事業は、昭和三六（一九六一）年に制定された「農業基本法第二一条　農業構造改善事業の助成等……」を受けて、農業経営の近代化と農業所得の向上を目標に、その時々の農業情勢に対応しつつ、地域の特性を活かすために地域農業者の自主的な創意と実情に即し、各市町村長が計画を立てることとされており、そのために必要な整備について総合的に助成する方式がとられる事業である。この事業は、昭和三六年度から始まった第一次農業構造改善事業から現在の地域農業確立農業構造改善事業へと引き継がれている。

農水省による情報施設に対する助成は、昭和三一（一九五六）年四月に施行された「新農山漁村建設総合対策要綱」による新農山漁村建設総合対策や農山漁村振興特別助成事業の「農事放送施設」が始まりである。前に述べたように、農事放送施設助成の趣旨は、交通・通信連絡の不便な農林漁業地域において農協、森林組合、または漁協等の農林漁業団体が、有線放送施設を設備し農林漁業住民に対して一斉放送および各戸連絡を行って、農林漁業に関する技術や経営、さらに生活改善等について指導や普及の能率化をはかるために施設助成を行うものである。その背景には、当時の電電公社による電話インフラ整備の遅れを解消するという目的もあった。当時、この事業で二、二八九施設の農事放送施設が整備された。その後、農事放送施設の助成は、有線放送電話施設として農業構造改善事業に引き継がれていった。

以下で、各時期の農業構造改善事業による情報施設に対する補助事業の変遷について述べてみたい。

(イ)　第一次・第二次農業構造改善事業（一九六一年―七七年度）

一九六一年度をスタートとする第一次農業構造改善事業は、その事業目的として「適地適産、主産地形成等を推進しつつ、経営構造の改善をはかり、これによって労働生産性および収益性の飛躍的向上と農業所得の増大を期すること」にあった。

さらに、一九六九年度からの第二次農業構造改善事業では、「自立経営規模が大きく、生産性の高い農業経営を育成し、農業生産の選択的拡大および農業生産性の向上をはかりつつ、経営規模の拡大および生産の組織化を通じる農業経営構造の改善を推進すること」を事業目的としていた。

情報施設に関する補助事業としては、コンピュータ導入による広域的な農業の近代化・合理化をはかるための情報管理施設の整備に対して補助が行われている。これは、第二次農業構造改善事業による広域営農団地整備での広域農業管理施設（農業管理センター）の事業である。この事業の具体例としては、岩手県の花巻農業管理センター、胆江農業管理センター等の整備に適用された。

(ロ)　新農業構造改善事業（一九七八年—八九年度）

新農業構造改善事業は、一九七八年度から創設された前期対策と一九九三年度からの後期対策に分けられる。前期対策の事業趣旨は、「地域の諸条件に応じ、地域の組織化を通じ中核的担い手への農地利用の集積、不作付地の解消、裏作等の導入等、地域に即した作付け体系を確立し、農業生産の担い手の育成・確保、農用地の適正管理、地域農業の複合化をはかり、併せて環境条件の整備をはかることにより、地域農業の再編と活力ある農村社会の形成に資すること」を目的としており、後期対策では「地域の諸条件に応じ、地域内の広範な農家層を包摂した地域農業の組織化を通じて、中核的担い手等の規模拡大を推進するとともに、先進技術・情報を活用することにより、生産性の向上をはかり、もって土地利用型農業の構造改善を実現し、併せて環境条件を整備することにより、活力ある農業社会に資すること」を趣旨としている。

農村ＭＰＩＳ施設は、この新農業構造改善事業の創設により整備が推進されてきたといえる。この事業の助成メニューとして、「情報連絡施設」が創設され、農村ＭＰＩＳ施設、同報無線施設、コンピュータ施設等が補助対象となった。ＭＰＩＳ施設としては、一九七八年度に徳島県土成町農事放送農業組合が、八〇年度に大分県大山町がこの事業に対する基本計画を作成し、ＣＡＴＶ事業を中心とするＭＰＩＳ活動が今日に継承されている。そして新農業構造改善事業でのＭＰＩＳ施設の整備は、一九九九年九月現在で一二の町村で行われている。

(八)　農業農村活性化農業構造改善事業（一九九〇年―九四年度）

農村ＭＰＩＳ施設の本格的な整備が進んだのが「農業農村活性化農業構造改善事業」の創設からといえる。一九九〇年度からスタートしたこの事業は、その趣旨として「二一世紀を展望した国民的運動として『農業・農村活性化運動』を展開し、都市と農村を通じる人・物・情報の交流ネットワークを形成するとともに、地域の創意工夫に基づき人材育成や高度情報社会化への対応等の多様な活動を推進しつつ、これを一体的に土地基盤、近代化施設、環境施設等の整備を総合的に実施すること」をうたっている。

情報施設の整備については、この事業の重要な柱として位置づけられており、その要綱の趣旨に「農業・農村に活力を取り戻すためには、農村内、農村相互間、都市農村間に多様な情報交流のシステムを整備し、豊富な地域情報の受発信とその交流をうながすことにより農村地域の高密度社会化をはかり、若者が定住し、都市住民も住んでみたくなるような農村づくりを進めることが必要であり、このことが、ひいては国土の均衡ある発展をはかるうえで重要なことである」と述べられている。

さらに、特記すべきは従来の情報連絡施設の事業実施は、情報連絡施設単独で事業が実施できる仕組みではなく、他の農業構造改善事業の事業メニューとあわせて実施しなければならない仕組みとなっていた。これが、一九九一年度からの事業のなかに効用促進農業構造改善事業・高密度情報型（事業費二〇億円）としてＭＰＩＳ施設等の情報連絡施設単独で事業が実施できる仕組みが創設されたことである。その理由は、「農業生産に係わる条件整備がある程度完了しているにもかかわらず、情報関連基盤等の整備が遅れている地域において、農業生産基盤の上に先端技術等の成果を取り入れた施設の整備も併せて行うことにより、農村地域の高密度情報社会とともに、都市に向けての情報発信基地としての機能の強化をはかる」ためであるとされている。

また、一九九四年度からは、「地域活力促進農業構造改善事業・情報基盤型」が、農業・農村の活性化をはかるうえで、農業技術、経営情報を適時迅速に収集・分析し、農家等に提供することが緊急の課題となっていることから、農業生産基盤等が一定以上整備されている地域において、情報基盤の整備を行い、農業生産性向上、農村生活の向上をはかるという趣旨で創設された。

この農業農村活性化農業構造改善事業は、従来の農業構造改善事業に比べて短い期間ではあったが、この事業を活用してＭＰＩＳ施設の整備を行った市町村は、一九九九年九月現在で二三市町村にのぼっている。

㈡　地域農業基盤確立農業構造改善事業（一九九四年度補正―二〇〇〇年度）

一九九三年度補正予算からスタートした地域農業基盤確立農業構造改善事業もまた、ＭＰＩＳ施設施設の整備に大きな役割を果たしている。この事業の趣旨は、「効率的かつ安定的な経営を目指す生産者等の要請に対応し、安定的な農業生産のために必要な気象情報、消費者ニーズの動向を把握するために必要な市況情報、生産性向上のための各種営農情報等を的確に把握するための情報受発信体制の確立をはかる」とし、この事業のなかの「地域連携確立農業構造改善事業・情報基盤型」（事業費一二億円）の事業が推進され、一九九九年九月現在で二一市町村でＭＰＩＳ施設の整備が行われている。

また、この事業は、都市への情報アクセス機会の拡大や情報格差の是正がはかられるよう、情報通信の高度化を促進することも大きな目的になっている。そのため、この事業には、情報施設の整備に特化した事業類型が設けられその整備が進められている。

さらに、この事業では複数市町村での広域型のＭＰＩＳ施設が実施されるようになった。

なお、二〇〇一年度からの農業構造改善事業は、省庁再編とも関連し、事業制度が変更されることになっている。そのため、二〇〇〇年度より二〇〇九年度まで「食料・農業・農村基本法の基本理念と政策課題に即し、効率的・安定的な経営体が地域農業の相当部分を占める農業構造を確立するため、地域農業基盤確立農業構造改善事業に代わる新たな対策として、新規就農の促進、認定農業者の育成、法人経営への発展等担い手となる経営体の確保・育成を目的とした経営構造対策を創設する」とする趣旨の新しい経営構造対策が示されている。言うまでもなく、情報施設については、補助対象のメニューとなっている。

（３）　山村振興等農林漁業特別対策事業について

山村地域は他の地域に比較して地勢的・地理的に不利な条件下にあり、農林漁業の停滞や生活環境の低位水準を原因とした人口の流出や高齢化の進行等を招き、健全な山村社会の維持が困難となる厳しい条件下にある。このため、国は一九六五年に「山村振興法」を制定し、山村地域の総合的な施策として山村振興対策を実施してきた。農水省は、この法律に基づいて特別対策として第一期から第三期までの山村振興農林漁業対策事業を一九九一年度まで実施し、さらに新山村振興農林漁業対策事業を一九九二年度から実施している。また、一九九五年度からは、山村振興法の改正を踏まえ、「山村振興等農林漁業特別対策事業」が創設されている。

この事業は、「山村をはじめとする中山間地域対策を総合化し、山村等の多面的機能の発揮を通じつつ、生産の高度化等の諸施設整備にも重点をおきつつ、総合的視点にたった地域の活性化と定住の促進のための支援措置を強力に実施する」という趣旨にある。

ＭＰＩＳ施設への補助は、生活環境向上のための施設設備事業のなかの情報連絡施設整備事業として実施されている。この事業の具体的対象地域としては、長野県川上村、和歌山県北山村、北海道西興部村、山梨県大和村等が挙げられる。

（4）中山間地域総合整備事業について

この事業は、一般の農村に比べ不利な条件下にある中山間地域の農業・農村の活性化をはかる目的で一九九〇年に創設された中山間地域農村活性化総合整備事業を拡充した事業として、一九九五年に創設された。これは、活性化総合整備事業が数集落を単位とした事業であったものを、市町村全域から数市町村にまたがる広域地域を対象として、地域内の連携と特徴を活かしつつ、住民の就業機会と所得の確保、都市と農村の交流、定住条件の整備を行うようにした事業である。

市町村の自由な構想に基づく活性化計画により、生産基盤と生活基盤の整備を高い補助率（五五％）、事業の短期完了、メニュー方式により総合的に実施されている。ＭＰＩＳ施設は、この事業の特認事業（情報基盤施設）として認定されており、一九九三年に整備された山梨県下部町が第一号の施設であり、近年、この事業でのＣＡＴＶ整備事業が増加しつつある。また、都道府県事業として整備され、その後市町村に施設の移管を行う方式がほとんどである。

（5）田園地域マルチメディアモデル整備事業について

この事業は、将来的に高度情報化による農業・農村の振興をはかる観点から、農村地域の高度情報化のガイドライ

第3表　農林水産省のCATV整備のための補助事業一覧

事業名	助成措置	対象
農村総合整備事業（高福祉型・緊急防災型・情報基盤施設整備型）	国庫補助　50% 沖縄は国庫補助　2/3 奄美は国庫補助　52%	都道府県，市町村，一部事務組合等
中山間地域総合整備事業（特認事業）	国庫補助　55% 沖縄は国庫補助　75% 奄美は国庫補助　70% 離島は国庫補助　60%	都道府県，市町村，一部事務組合等
田園地域マルチメディアモデル整備事業	国庫補助55%（但し，過疎・振興山村・半島・特定農山村の地域は60%），沖縄は国庫補助75%，奄美は国庫補助70%，離島は国庫補助60%	都道府県，市町村，土地改良区等
地域農業基盤確立農業構造改善事業（情報基盤型）	国庫補助　50% 沖縄は国庫補助　2/3	市町村，農協，第三セクター等
山村振興等農林漁業特別対策事業	国庫補助　50% 沖縄は国庫補助　2/3	市町村，農協，第三セクター等

（(社)日本農村情報システム協会調べ）

ンを策定するため、ＣＡＴＶ施設を核とした高速・大容量および双方向の通信を可能とする情報基盤をモデル的に整備する事業である。一九九七年度から二〇〇三年度までの限定事業で、地区数も一五地区内とされている。一九九九年九月現在で二地区の整備事業が完了している。

五　農水省以外の主たる省庁のＣＡＴＶ助成政策

ＭＰＩＳ施設が農水省の補助事業として市町村等に整備され、地域情報施設としてとりわけＣＡＴＶの有効性が認識されるようになったことから、他の省庁でＣＡＴＶ施設への助成制度が創設されるようになったのは年号が平成に変わってからであるといえる。マルチメディア化への胎動が徐々に現実のものになる一方で、改めてＣＡＴＶへの認識が各省庁に問われるようになった。そこで、以下では自治省と郵政省におけるＣＡＴＶ助成政策を中心に概観を述べておきたい。

（1）　自　治　省

自治省では、一九九〇年五月に「地方公共団体におけるＣＡＴＶ事業の促進について」を審議官通知として全国に通達

第4表　農林水産省の補助事業で整備されたCATV施設

助成事業名	市　町　村　名
1.　新農業構造改善事業	長野県朝日村・山形村・豊田村・信州新町，兵庫県滝野町，徳島県土成町・石井町，香川県寒川町・大川町，岡山県久世町，大分県大山町，愛知県豊橋市北部農協
2.　農業農村活性化農業構造改善事業	秋田県大内町，岩手県北上市和賀地区，山梨県高根町，長野県駒ヶ根市・豊丘村・飯島町・南牧村・長門町・野沢温泉村，石川県松任市，兵庫県高富町，福井県上中町・小浜市，鳥取県羽合町，山口県美祢市，島根県掛合町，徳島県藍住町・板野町・市場町，香川県長尾町，高知県野市町，佐賀県富士町，鹿児島県和泊町
3.　地域農業基盤確立農業構造改善事業	群馬県南牧村，山梨県小淵沢町・一宮町，石川県能登町，奈良県吉野町，富山県八尾町，鳥取県東伯町・大栄町・北条町・東郷町，兵庫県加美町，山口県三隅町・むつみ村，島根県仁多町，高知県香我美町・夜須町・赤岡町・吉川村，鹿児島県天城町，岡山県奥津町，長野県南相木村，福島県西会津町，愛知県知多町・南知多町
4.　山村振興等農林漁業特別対策事業等	北海道西興部村，長野県川上村，和歌山県北山村，山梨県大和村，広島県豊浜町，山口県旭村，群馬県上野村
5.　農村総合整備事業	岐阜県国府町，奈良県下市町，石川県柳田村，京都府園部町，栃木県馬頭町，岩手県盛岡市都南地区，長崎県美津島町，三重県東員町，徳島県国府町，鳥取県溝口町，兵庫県関宮町・洲本市・三原町・西淡町，養父町・大屋町・八鹿町
6.　集落環境整備事業	滋賀県湖東町，山形県櫛引町，北海道池田町，新潟県能生町等
7.　中山間地域総合整備事業等	山梨県下部町・小菅村，福井県南条町・今庄町，三方町・美浜町等
8.　田園地域マルチメディアモデル整備事業	愛知県岡崎市，宮崎県北郷村，岩手県遠野市，岐阜県坂内村等

（注1）下線付きは建設中の施設（2000年3月現在）
（(社)日本農村情報システム協会調べ）

を出した。ここでは、地方公共団体のＣＡＴＶ事業への関与について、次のような基本的考え方を示した。

「ＣＡＴＶ事業は、基本的には民営事業として経営されるべきであるが、民間事業者が事業実施を予定していない場合においては、地方公共団体が自ら事業主体となる場合がある。そして、地方公共団体においては、民間事業者のＣＡＴＶ施設を利用することや自らＣＡＴＶ事業を行うことにより、広報・公聴その他の各種行政サービスの提供媒体として有効に活用する」としている。さらに、近年における情報通信技術の著しい発展にともない、ＣＡＴＶ施設は双方向性の機能を有する総合的な情報通信基盤であり、その整備により各種行政サービスを直接住民に提供することが可能となり、地域の活性化に大いに資することができるとしている。

以下に、自治省でのＣＡＴＶ事業への助成制度を述べておきたい。

(イ)　防災まちづくり事業

一九九一年にＣＡＴＶが開局した京都府加悦町に対して、自治省は防災まちづくり事業の助成対象とした。これ以後、自治省はＣＡＴＶ施設に対して積極的に助成を行うようになったが、防災まちづくり事業でのＣＡＴＶ施設整備助成はこれのみである。

(ロ)　過疎債・辺地債等

過疎や辺地の特定地域については、過疎対策事業債、辺地対策事業債が活用できるようになっている。国庫補助事業、地方単独事業を問わず地方公共団体が整備するＣＡＴＶ事業について、その地方負担額について起債の対象となり、充当率は原則として一〇〇％であり、毎年度元利償還金については過疎対策事業費債が七〇％、辺地対策事業債が八〇％に相当する額を地方交付税の基準財政需要額に算入されることとなっている。

ＭＰＩＳ施設の事業で過疎債等の適用を受けたのは大分県大山町が最初である。それまでは有線放送事業のみが適用されていたが、大山町以後、多くの過疎地域でＭＰＩＳ施設整備事業に国庫補助と過疎債等が活用された。

また、自然的にも社会的にも経済的にも条件が不利な特定地域については、若者の定住条件の整備等魅力ある定住環境の整備にあわせて行うＣＡＴＶ事業について、一定の要件を満たすものは、若者定住促進等緊急プロジェクトの対象となり、地域総合整備事業債（特別枠）七五％、過疎債（特別枠）一五％を併用充当することができるのである。

(ハ)　地域情報通信拠点施設等整備事業（リーディング・プロジェクト）

この事業は、情報通信基盤の整備、情報システムの導入等に先導的な取組みをする地方公共団体が計画的に実施する事業に対して、一九九〇年度より特定政策課題の「地域情報化対策」として取り上げている。リーディング・プロジェクト推進計画に基づく中核的な単独事業については、地域総合整備事業債（特別分）の充当率九〇％とされている。その他の単独事業についても可能な限り地域総合整備事業債の優先的充当が行われている。その際、交付税率は地方公共団体の財政状況により三〇―五五％である。

(ニ)　ＣＡＴＶ整備推進事業（一九九五年―九七年度）

この事業は、主として行政情報の提供等一般行政目的に沿ったＣＡＴＶの業務に使用される施設の整備を行う場合に、一般会計債（地域総合整備事業債特別分）と公営企業債（観光事業債）との組み合わせによる財政措置が行われた。

(ホ)　地域情報通信基盤整備事業（一九九八年度―）

この事業は、高度情報通信社会の進展に対応した地域の活性化を図るために、公共施設を相互に接続する高度な情報ネットワークの整備等について、一九九八年度に「地域情報通信基盤整備事業」が創設され、地域総合整備事業債（充当率概ね七五％）による財政措置が講じられている。なお、一九九九年度からは、「地域活力創出プラン」関連事業の一つとして対象が一部拡大され、一層積極的にこの事業が推進されている。ＣＡＴＶ事業に要する経費について

第５表　自治省でのCATV整備のための助成事業一覧（1999年10月現在）

事　業　名	起　債　名	充当率	交付税率
地域情報通信基盤整備事業	地域総合整備事業債及び公営企業債	75%	30～55%
CATV事業	過疎債	100%	80%
	辺地債	100%	80%
リーディング・プロジェクト	地域総合整備事業債（特別分）	75%（90%）	30～50%
特定地域における若者定住促進等緊急プロジェクト	地域総合整備事業債（特別分）	75%（90%）	30～55%
CATV施設の管理運営事業	公共情報専用チャンネルにより市町村が提供する公共番組の制作・放映経費		特別交付税措置

（自治省調査による）

も、一般会計債（地域総合整備事業債特別分）と公営企業債（観光その他事業債）との組み合わせによる財政措置が講じられている。

(ヘ)　運営管理費に対する助成

この助成は、公共情報専用チャンネルにより市町村が提供する公共情報番組の制作および放映に要する経費について、特別交付税の対象となっている。これは、一九八九年度より実施されている。市町村の財政力指数によって措置額が異なるが、最高で二、〇〇〇万円まで措置されている。また、行政直営のＣＡＴＶ施設のみならず、民間ＣＡＴＶ施設のチャンネルリースまたは時間借り上げによる行政情報番組を提供する場合も助成対象とされている。

(2)　郵　政　省

郵政省では、電気通信格差是正事業の一環として全国的な高度情報通信基盤整備を効果的に推進するため、公共投資による「地域・生活情報通信基盤高度化事業」を一九九四年度から実施している。これは、公共的アプリケーション（公共分野におけるネットワーク・インフラの利活用）の開発と普及のための中核施設整備を支援する事業で四種類の施設整備事業がある。

ＣＡＴＶ施設の整備事業としては、「新世代地域ケーブルテレビ施設整備事業」で実施されている。この事業は、地域に密着した映像情報を提供するケーブルテレビを整備し、緊急情報、福祉情報、地域の住民生活に不可欠な情報や文化・教養情報等の多彩な情報を提供するとともに、将来的には双方向化、ネットワーク化を図り、マルチメディア時代に適応できる新たなサービスの実現を可能とすることを目的としている。

助成制度の内容は、過疎、辺地、離島、半島振興、豪雪地帯等のいずれかの地域に該当する地域を対象として市町村・第三セクターが事業主体となる「田園型事業」と、上記事業を除く地域で高度なアプリケーションサービスを提供するＣＡＴＶ施設の整備を行う第三セクターが事業主体となる「都市型事業」の二事業でスタートした。

事業費の負担割合は、「田園型事業」では市町村が事業主体となる場合は、国が三分の一を補助し、三分の二を都道府県および市町村が負担する（過疎および辺地地域での事業は、過疎債・辺地債の対象となる）。また、「田園型事業」および「都市型事業」で第三セクターが事業主体となる場合は、国が四分の一を補助し、四分の三を都道府県および市町村、第三セクターが負担する。これらの事業でＣＡＴＶ施設が整備されている例は、「田園型事業」では三重県飯南町、愛媛県弓削町、北海道白滝町等があり、「都市型事業」では、神奈川県茅ヶ崎市、兵庫県加古川市、千葉県習志野市等が挙げられる。

なお、一九九九年度より「田園型事業」および「都市型事業」の区分が無くなり、自主放送を行うケーブルテレビ施設（ケーブルインターネット用のサーバ、ルータ等の整備を含む）を整備する場合、市町村等に対して経費の一部（三分の一）が補助される内容に制度が変更されている。さらに、第三セクターの場合は、四分の一が補助されている。

以上、述べてきたように、農水省を中心として自治省と郵政省のＣＡＴＶ政策、特に各省庁の補助や助成策はかな

第6表　他省庁での助成制度により整備されたCATV施設

省庁名	市町村名	
自治省（起債事業等）	京都府加悦町，長野県北相木村，山梨県白根町，滋賀県余呉町，長野県波田町・松川町，兵庫県五色町，島根県加茂町・木次町，青森県田子町等	
郵政省	田園町	三重県飯南町，愛媛県弓削町，北海道白滝村等
	都市型	神奈川県茅ヶ崎市，兵庫県加古川市，千葉県習志野市等
通商産業省（電源開発事業）	北海道泊村，福井県高浜町・大飯町，愛媛県伊方町及び周辺市町村等	
国土庁	広島県豊町，長野県北御牧村，福島県西会津町，高知県阿南市，島根県赤来町，大分県鶴見町等	

（(社)日本農村情報システム協会調べ）

りきめ細かく浸透していることが理解できるが、とりわけ地方ＣＡＴＶの中核的役割を担ってきたＭＰＩＳ施設は、二一世紀に向けた情報通信基盤施設としての期待も大きい。したがって、市町村にとっては今後も整備しなければならない重要施設として、その必要性は益々《ますます》高まるものと思われる。しかし、市町村等地方自治体の財政事情は、以前にも増してより厳しさを強いられている。大きな投資を必要とするＭＰＩＳ施設の整備については、市町村単独の財源のみでは不可能であり、より多くの国の助成制度がなければ不可能であろう。

高度情報化社会を標榜する二一世紀に向かって、情報通信基盤の整備は必要不可欠であろう。国民がいかなる地域に居住していようとも、情報提供サービスが誰にでも享受できる社会を創ることがこれからの課題である。一九九五年二月に政府は、二一世紀の「高度情報通信社会推進に向けた基本方針」を策定し、各種情報化政策の充実をはかるとともに、二〇一〇年を念頭に置いた光ファイバー網の全国整備を推進していくことが示された。ＭＰＩＳ施設は、光ファイバーを主たる幹線ケーブルとして活用した双方向の情報通信基盤である。これを充実させるためには、農水省一省のみでなく、複数の省庁が連携をとった助成制度を充実させ、市町村等の地方自治体がＭＰＩＳ施設の整備を容易に実施できる環境づくりと仕組みが期待されるところである。

第二節　地方ＣＡＴＶシステムの新たな役割

一　メディアマップの変化とＣＡＴＶの広域化

（1）運営経費の増大と広域化

ＣＡＴＶシステムの全国的な普及とその要請は、情報技術の飛躍的な進歩に伴う機能と役割も多様化し、トータルな地域情報システムとして当該地域に定着しつつある。今まで述べてきたように、とりわけＭＰＩＳ施設は、地域コミュニケーションの醸成とテレビ難視聴対策としてスタートしたが、その後、音声告知放送、地域気象情報、ＣＡＴＶ電話、インターネット等々と利用の幅を広げ、本来の目的である多元情報システムの施設として機能しつつある。そして、今日では地域情報通信基盤の施設としてその新たな役割に期待が膨らんでいる。

多目的利用が進むことは、地域住民にとって利便性が高い。しかし、施設を整備する側からすれば大幅なコスト増を覚悟しなければならない。多目的利用をはかればはかるほど運営コストは増大する。現状では、市町村営のＭＰＩＳ施設の運営経費増大に頭を痛めているのが実状である。施設を整備するのは何とかしても、その後の運営経費に課題を残す、との考え方は当初のＭＰＩＳ施設発足時から問われていたことである。そこで、いくらかでも運営経費を削減したいと考えている市町村は多く存在する。

その一つの解決策として複数の市町村をエリアとしてＭＰＩＳ施設を整備する広域ＭＰＩＳ施設の形態が近年増え

つつある。隣接複数地域の共通性ということのメリットと併せて、人材確保の問題、通常経費の問題等々から広域ＭＰＩＳ施設を整備しようとする考え方が浮上してきたのである。それには、所謂《いわゆる》ＣＡＴＶ法の改正による後押しも無視できない。したがって、広域でＭＰＩＳ施設を運営している地域も、以下で紹介するような事例がすでに数カ所にわたる。

（２）　徳島県藍住町と板野町の広域ＭＰＩＳ施設の事例

徳島県徳島市に隣接する吉野川北岸の藍住町と板野町の二町を対象に、ＭＰＩＳが一九九四年一月に開局した。従来一市町村をエリアとしたＭＰＩＳ施設が原則であったが、広域つまり二町に跨がる施設が立ち上がったのは、この両町が初めてであった。

それまで徳島県内には数多くの有線放送電話施設があり、施設の老朽化に対して先行き不安が絶えなかった。そのためＣＡＴＶ施設への転換をいつの時点で行うかが焦眉の的となった。県内でいち早くＭＰＩＳ施設の導入に踏み切ったのは土成町であり、次いで国府町、石井町とそれぞれの有線放送電話施設農業協同組合がＭＰＩＳ施設の整備を進めていったのである。

徳島県下のＭＰＩＳ施設の導入の契機は、市場町の大俣農業協同組合の導入に始まるが、それ以上に大きなキッカケとなったのは一九八六年から始まった吉野川中・下流地域グリーントピア構想の策定にあった。藍住・板野の両町もこの構想地域にあり、グリーントピア構想の策定に参加していた。さらに、両町にも有線放送電話施設が設置されており、施設の老朽化の問題を抱えていた。そこで、両町ともＣＡＴＶ施設への転換を模索していたが、藍住町がいち早くＭＰＩＳ施設の導入に踏み切ったのである。その後、最終的な計画段階で、板野町も参画し、両町と板野郡農業協同組合、両町の有線放送電話施設農業協同組合が協同でＭＰＩＳ施設の事業化を推進することとなり、二町三農協出資の第三セクターが設立された。

この事例と同じ形態の広域農村ＭＰＩＳ施設としては、鳥取県東伯西部地区（東伯町・大栄町・赤崎町）の東伯地区有線放送株式会社がある。また、兵庫県南淡路地区（三原町・西淡町）の施設や同県南但馬地区（養父町・大屋町・八鹿町・関宮町）も同様の形態の施設である。さらに、同じ形態ではあるが、一町ごとに施設を整備し最終的に複数町村の広域化を完成するという鳥取県東伯東部地区（羽合町・東郷町・北条町・泊村）の三町一村の広域農村ＭＰＩＳ施設がある（二〇〇〇年四月、広域化が完成）。この東伯東部地区の施設には、われわれが調査を行った所でもあるので、以下に概要を述べておきたい。

（3）　鳥取県羽合町・東郷町・北条町・泊村（株式会社ケーブルビジョン東ほうき）の広域農村ＭＰＩＳ施設

鳥取県では全県をＣＡＴＶ網でネットワーク化しようという構想があり、その構想の具体化の一つとしてこの広域ＣＡＴＶ施設がある。同県で最初にＭＰＩＳ施設を導入した町は、一九九五年に開局した羽合町である。東伯東部地区（羽合町・東郷町・北条町・泊村）の三町一村は、県の構想に基づいて広域化を前提としたＣＡＴＶ事業を推進してきたが、財政事情や住民の理解度など、町村によって温度差があるため、積極的な町村からＭＰＩＳ施設の事業化を行うことになった。

基本的な構想として、情報センターを一カ所に設け、三町一村をセンターから光ケーブルでネットワーク化して、広域化をはかることとし、運営主体は三町一村と県経済連が出資をする第三セクターで行うことが決められた。

事業の最初は、情報センターを建設地にした羽合町であり、続いて一九九七年に東郷町と北条町が施設の整備を行った。残る一つの泊村は二〇〇〇年度開局したのである。泊村の施設整備によって、広域農村のＭＰＩＳが完成することになった。

広域のＭＰＩＳ施設ネットワーク化により、運営団体である第三セクターの課題は、各々の町村の地域情報の密度が薄くならざるをえないということである。特に、最初に整備した町の住民から、他町の施設が増えるたびに自分の町の情報が少なくなるという不満がしばしば出たため、番組制作体制をいかに構築するかが将来的な課題である。また、複数の町村の地域情報を同じ時間帯に放映する必要性から、スタッフの数や編集機の数、スペースなどについて当初の構想段階で検討しておく必要があった。このように、複数町村で同時に立ち上げることの難しさを抱えながら、株式会社ケーブルビジョン東ほうきの事業は多くの示唆を与えてくれた（本書事例研究参照）。

（４）　香川県寒川町・大川町・長尾町の広域農村ＭＰＩＳ施設

一九八五年にＭＰＩＳ施設を立ち上げた香川県寒川町は、将来、隣接町に広域でのＭＰＩＳ施設に拡大する構想を持っていた。それは、行政のエリアが異なっていても、四国大川農業協同組合のエリアであったからだ。

同農協は、寒川町のＭＰＩＳ施設の整備に合わせて農協内の一室に簡易スタジオを設置し、農業番組の制作にあたった。当初は、寒川町のＭＰＩＳ施設を通じて農家に農業情報の提供を行っていた。その後、一九九二年に大川町、九四年に長尾町でＭＰＩＳ施設の整備が行われた。そこで、長尾町の施設整備の時期と並行して、三町を光ケーブルで結ぶ事業が進められ、九四年に完成している。四国大川農協を核とした三町の広域ネットワークを構築したのである。この時点では、農協が農業番組を制作し、三町のＭＰＩＳ施設に情報を提供する計画であった。しかし、その後農協側がこの計画に参加できない状況となったため、広域ネットワークの構想は変更を余儀なくされた。したがって、三町は、自治体のみで広域情報ネットワークの構築を行うことになり、行政による広域情報ネットワーク化に伴う地域の活性化を目指した。そのために、幹事町を一年ごとのローテーションとして三町に番組を提供し、その運営管理は、広域運営協議会が行うことにした。これは、持ち回りの番組制作を行う形態であるが、地域情報は、あくまでも住民の要望に合わせた情報提供を行うという基本理念を貫くことにしている。

（5） 山梨県小淵沢町のMPIS施設と民間CATVとの接続

日本のCATVの大半は都市部に集中している。しかも圧倒的にそれらは民間事業である。したがって、当然のことながら採算のとれる番組とサービスに限定される。このことは、裏を返せば民間CATV事業者は、投資に対する回収の見込みが少ない農村地域では事業のサービスから外されるという状況が生ずることを意味する。

CATV事業は、当初一地域一事業者という規制のなかで、郵政省の指導が行われていた。しかし、近年になって、郵政省の規制緩和政策により同一地域でも複数の事業者がCATV事業を行うことが可能となった。このため、一つの市町村エリアのなかですでにCATV施設を整備している民間CATV事業者と、残されているエリアに新しくMPIS施設を整備し、その二つのCATV施設をネットワーク化する動きが生まれるようになった。

一九九六年にMPIS施設を整備した山梨県小淵沢町は、全国に先駆けた町営と民間の二つのCATV局が一つのエリアを分け合い、相互に協力しながら全町民に同一の情報サービスを行っている。世帯数一、五〇〇戸のうち、町営五二〇戸、民間に五六〇戸が加入している（一九九九年八月現在）。

小淵沢町は、甲府市に本社がある日本でも最大の規模を持つ民間CATV施設「日本ネットワークサービス」が町の中心部にケーブルを敷設し、CATV事業を展開していたことは当初から認識していた。しかし、民間事業としては農村部のエリアにケーブルを拡張することは経営上むずかしいということから、町側で農村部の整備をすることになった。町としては、国の助成制度を利用しCATVを整備することを前提に、基本的な事項として次の内容が検討された。

①既設の民間CATVと接続した場合、民間CATV事業の業務拡大に寄与するとみなされないか。MPIS施設

を主体としたＣＡＴＶ施設となりうるか。②機器の仕様が異なるため、民間ＣＡＴＶ施設の機器との調整をどうするか。③加入金や利用料金をどうするか。

①については、国の指導方針に沿った形で進め、あくまでも町単独のＭＰＩＳ施設として整備することとした。②については、民間ＣＡＴＶ事業者との調整を行った結果、ＭＰＩＳ施設としての目的に大幅には逸脱しないことから、民間ＣＡＴＶと同じ機器を使うことになった。ただし、利用できるチャンネル数には制約があるという問題は今後の課題でもある。③については、町民に対する公平性という観点から同一料金とするように民間事業者に了解をとった。民間ＣＡＴＶと自治体が合同で事業を行う場合、加入金や利用料金の違いをうめるのが最大の難問である。民間事業側は、多チャンネルで加入者獲得をめざすため、それ相応の料金を必要とする。しかし、自治体経営のＭＰＩＳは、地域情報を中心に情報提供することが目的となるため、利用料金も維持運営費もできるかぎり低料金を設定する。この差を埋める調整が最もむずかしい問題である。結果として町側の条件を民間が理解し受け入れたことは、ＣＡＴＶのネットワーク化及び広域化にとってひとつの前進と言える。

（６）　ＣＡＴＶ広域化の当面の問題

ＭＰＩＳ施設の広域化は、時代の趨勢としてその勢いを増しつつある。電気通信審議会答申においても、ケーブルテレビ局間をネットワーク化してヘッドエンドを共用化することを勧めている。こうしたなかで、当面の問題点をいくつか指摘しておきたい。

①　多くのＭＰＩＳ施設は、市町村単位の施設であるため、人件費や物件費等の固定経費が割高となり、厳しい自治体財政の上からも抜本的な経費削減を講ずる必要がある。

②　番組制作等専門スタッフの確保が困難であると同時に、自治体の場合、毎年の人事異動がネックになる。その

ために、ハード面のみならずソフト面でのベテランが定着しないし育たない。

③　自治体や公共団体が経営する施設では、一定の加入者が達成されると収入増の見込みがなくなるため、新しい収入源を確保する必要が生じる。

④　情報の入手には空間的な限度があるため、住民に飽きさせない番組制作が困難である。したがって、住民に対して時代の変化に対応した新しい情報サービスの提供を行う必要がある。特に、自治体が運営主体となっているMPIS施設は、教育・福祉・行政といった住民サービスを行う基盤施設として取り組まなくてはならない時代となっている。

以上のように、住民サービスにも共通する多くの問題があり、そのために広域化を進めることで運営費用の負担を軽減させるメリットも多々ある。しかし、広域ネットワークのMPIS施設の事例は、必ずしも多くはない。したがって、地域にとってより有効な広域の施設を構築することが当面の課題である。

二　地元メディアとしてのCATVとその期待——農村における多目的利用

一九八五年以降、CATV施設の大規模化や衛星放送の開始、通信衛星の打ち上げによる番組の提供が始まるなど多チャンネル化が喧伝されるようになり、伝送路の容量が四五チャンネルといった大規模なCATV施設が都市部で開局されるようになった。

一九八七年に多摩ケーブルネットワーク株式会社が、わが国初の本格的な都市型ケーブルテレビ局として開局した。その後、東京や神奈川を中心に都市型ケーブルテレビ局が次々と開局していった。この頃CATVがニューメディアの旗頭として喧伝され、CATVという用語が一般に知られるようになった。

この時代、ＭＰＩＳ施設は、その本来的な機能としての多目的利用に向かっていた。それによって今日当たり前となっている音声告知放送システムや農業気象情報システムなどが整備されるようになった。それらについて、いくつかの地域での整備を紹介しておこう。

（1）　音声告知放送システム

テレビ難視聴対策としてのＭＰＩＳ施設の一部の側面は、放送の格差是正という点で現在でも共聴施設からの転換は否定できないが、テレビの良視聴地域でのＭＰＩＳ施設が一九八六年に整備された。香川県寒川町のＭＰＩＳ施設がそれである。瀬戸内海を挟んだ対岸の大阪や岡山のテレビ放送も直接受信できる寒川町は、ＭＰＩＳ施設の自主放送システムに注目したのである。

寒川町は、ＭＰＩＳの多目的利用を将来的にもはかっていくことを目標に掲げ、その第一歩として音声による告知放送システムの整備を行った。従来、町の情報伝達手段であった有線放送電話施設の放送機能をＭＰＩＳ施設でできないかという要望が出されたことから始まった。それも、有線放送電話施設の機能の一つである地域別放送だけではなく、個々の住民に対して音声告知ができ、さらに文書・データ伝送もできるという多重情報伝送の機能が要求された。必要な情報を必要な人にのみ提供するという考え方である。現在、ＭＰＩＳ施設の大半に整備されているＰＣＭ音声告知放送システム（文書伝送システムと併用）の始まりであった。

（2）　地域内農業気象情報システム

一九八七年、大分県大山町のＭＰＩＳ施設が整備されたが、この地域は林野率が八〇％以上という典型的な中山間地域で、「うめ」の栽培で有名となり、その後大分県で始まった一村一品運動の発祥地でもある。大山町でのＣＡＴＶの多目的利用の整備は、「うめ」に強敵である遅霜対策としての気象情報の提供への需要であった。従来、遅霜による「うめ」の被害は甚大であった。それまでは、テレビ・ラジオ・新聞等で知る気象情報でしかなかった。それも広い範囲での天気情報であり、特定地域の気象情報を知ることは不可能であった。大山町のみの気象情報を知りたいという要望が農業気象情報システムの整備につながったのである。

大山町内で気象変化の大きい地域を四カ所選定し、そこに気象観測装置を設置し、刻々変わる温度・湿度・風向・風速・雨量などの観測データを専用チャンネルを通して二四時間いつでもチャンネルを回すことで、地域住民に必要な情報の提供を可能とした。以降、大山町気象チャンネルは、農家にとってなくてはならない貴重な情報源となった。また、この設備の整備後、気象データと送風ファンとを連動した実験も行われ、大きな成果をあげた。

大山町での農業気象情報システムの整備は、その後のＭＰＩＳ施設の基本的なサービスとして全国に普及し、現在では衛星回線を使用した高度地域気象情報システムへと発展している。

（３）　農業生産の高度化に向けた他のシステム

農村のＣＡＴＶ自主放送の制作・提供は、農家への営農指導に効果を発揮してきたが、農業生産と直接的に関与した最初の例が先の大山町であり、さらに長野県川上村の野菜市況情報システムの整備（一九八八年開局）、同朝日村の農業用水池水位観測設備（同年開局）である。

水位観測設備については、その後多くの農村ＣＡＴＶで整備されている。川上村の野菜市況情報システムは、ＭＰＩＳ施設整備後に導入されたもので、長野県経済連と川上村内二農協とをコンピュータ・ネットワークで結び、レタスの市況データを夕方までに処理し、これを直接画像交換して自主放送チャンネルに市況情報として提供している。また、曜日によりレタスの価格に大きな差異があることの共通理解に役立てるため、一週間の出荷状況と価格の変動状況を提供することで、出荷調整に大きな効果をあげている。

三　ＣＡＴＶにおける放送と通信の融合

農村ＣＡＴＶに見られるように、ＣＡＴＶ施設が一方通行の放送施設から通信も可能とするインタラクティブ（双方向化）な施設であるとの認識が深まってきたのは、平成に入ってからである。郵政省も放送と通信との垣根を取り払う規制緩和をせざるを得ないという政策に変わってきた。こうした時代を迎え、多くの農村ＣＡＴＶ施設の多目的利用は、さらに農業・農村の活性化に向けて前進をしてきた。すなわち、ＣＡＴＶ電話システムの整備、これを活用したパソコン通信、映像情報検索システム、そしてインターネットへの活用等、多様な情報システムが技術の発展とともに整備されるようになってきた。

（1）ＣＡＴＶ電話システム

戦後になって始まった有線放送電話は、一九六三年に全国の農村地域で二、六四九施設が整備され、地域情報連絡施設として住民のなかに定着していった。その後、ＮＴＴ（旧日本電信電話公社）の宅内電話や公衆電話の普及によりその使命を終えていったが、地域内での電話施設としての活用は慣れ親しんだ住民にとって手放せない存在となっていた。有線放送電話の運営主体は、ほとんどが農協であったことから、農村ＣＡＴＶ施設を立ち上げる際に有線放送電話の経験を応用したり、活かした例が前述のように少なからずある。さらに、郵政省の規制緩和政策の下で一九九三年、長野県飯島町有線放送農業協同組合（一九九七年に駒ヶ根市のＭＰＩＳ施設と合併）に最初のＣＡＴＶ電話システムが整備された。また、このＣＡＴＶ電話システムを音声告知放送のシステムとしても活用しているＭＰＩＳ施設が増えつつある。

（2）パソコン通信への利用

ＣＡＴＶ電話の通信機能を活用してパソコン通信に利用するＣＡＴＶ施設も増えつつある。一九九四年に開局した長野県南牧村が農村では最も早く、市況情報等のパソコンネットとして農協が主体となって利用している。前述の駒ヶ根市でも農業出荷情報システムとして活用しているし、大分県大山町も一九九六年にパソコンを利用した農業情報システムをＣＡＴＶの回線で利用している。

（3）　農業施設監視システムへの利用

農村におけるＭＰＩＳに農業施設の監視制御システムを導入したのは、一九九六年に開局した鳥取県東伯町・大栄町のシステムが最初である。東伯町は、畜産や二〇世紀梨の産地として、また大栄町はすいかや長芋の産地として全国に知られた農業の町である。いわゆる「勘」に頼る農業から科学的データに基づく効率的な農業への展開が農業施設監視システムを生み出した。牛舎や豚舎に監視カメラを設置し、牛や豚の分娩状況を監視したり、穀物倉庫の温度や湿度の管理、漬物工場での温度やＰＨ測定等にＭＰＩＳ施設が活用されている。

（4）　健康管理支援システム

少子・高齢化の時代となってきた今日、高齢者対策は市町村の行政上の大きな課題となっている。香川県寒川町は、一九九四年ＭＰＩＳを利用した在宅健康管理システムの導入を図った。これは、自治省の起債事業によるもので、ＣＡＴＶ回線を利用したシステムとしては最初のものであった。その後、香川医科大学の支援も受けながら、隣接の大川町や長尾町のＭＰＩＳ施設とも連携し、広域での在宅健康管理システムの整備を行っている。同様のシステム利用は、長野県南牧村、群馬県南牧村、広島県豊町、山口県むつみ村等で整備されている。

（5）　情報検索提供システム

知りたい情報を時と場所を選ばずに入手できるインタラクティブな情報提供サービスが高度な情報社会に期待され

るサービスであり、その一つのサービスとしてビデオ・オン・ディマンドがある。情報検索提供システムは、ＭＰＩＳ施設で放送された自主制作番組や行政広報、営農情報など映像情報センターの画像ディスクに蓄積し、住民が直接電話でセンターにアクセスすることで自宅のテレビに情報を取り出すというサービスシステムである。このシステムの最初は、一九九六年に開局した兵庫県加美町のＭＰＩＳにおいて整備され、富山県八尾町、大分県大山町その他のＭＰＩＳ施設でも整備されている。丁度この頃四五〇ＭＨｚの幹線増幅器が農水省で補助対象として認められた時期と重なる。

（6）インターネットへの接続

特定の地域を対象としてきたＭＰＩＳ施設も、ＣＡＴＶ─ＬＡＮの開発により近隣の市町村とネットワークを形成することができるようになり、さらにインターネット・プロバイダーとの接続によってインターネット・サービスの提供も可能となった。地域外との情報交流が容易にＭＰＩＳ施設でできるようになったのである。

ＭＰＩＳ施設は、ケーブルモデムの開発により高速の通信回線として活用できるため、電話回線でのインターネットへの接続よりはるかに早いアクセスを可能としている。一九九七年に開局した富山県八尾町は、町営としては日本最初の第一種電気通信事業者の免許を受け、地域住民に対するインターネット・サービスを始め、七〇〇世帯の加入をみた。八尾町は、一九八〇年から富山テクノポリス開発計画の中心地として中核工業団地が造成され、企業の立地が第一種電気通信事業者取得の一つの背景でもあったと考えられる。その後、兵庫県滝野町、京都府園部町、群馬県南牧村などでインターネットへの接続サービスが始められ、今日では幅広く採用がなされつつある。

第三節　可能態としてのCATV

一　通信・放送技術の発展と地域情報化

一九八〇年代前半に各省庁はビデオテックスやケーブルテレビ等当時のニューメディアを活用して地域社会の振興を図るそれぞれの構想が発表されたのは記憶に新しい。これを契機として、地方公共団体を中心に地域情報化への積極的な取組が開始された。その後、民活法等による情報化拠点施設の整備、電気通信格差是正事業による過疎地域等の条件が不利な地域に対する情報通信基盤整備、地域・生活情報通信基盤高度化事業による地域の先進的なモデル事業等々、各種の支援施策によって、わが国の地域情報化政策は進展しつつあると見なすことができよう。

しかしながら、各省庁の構想から二〇年近く経過しようとしている今日、地域情報化を取り巻く環境は大きく変化してきているのも事実である。

第一に、情報通信技術は急速に進歩し、各種の情報機器の小型化・低価格化とともに、有線・無線の多様な情報通信ネットワークの整備が進められてきたことによる。とりわけ近年ではインターネットが普及し、マルチメディア形式の情報提供から予約や商取引等のサイバービジネスまで、あらゆる情報がネットワークを通じて瞬時に世界を流通するグローバルな高度情報通信社会の時代が到来しつつある。また、国民生活においても、パソコンや携帯電話が普及するとともに、インターネット接続サービスや放送のデジタル化に伴う多チャンネル放送サービス等、多様な情報通信サービスを享受することができるようになっている。

第二に、地域社会においては、少子・高齢化への対応、地方分権の推進、地域経済活性化や環境問題などが山積しており、とりわけ地方公共団体では、財政環境の厳しさを踏まえてこれら諸課題の解決に効果的な施策や事業を選択して行くことが求められている。

こうした状況を踏まえ、各省庁では新たな地域情報化の構想を展開しつつあるが、そのなかで具体的な展望とＣＡＴＶの可能態を明らかにしたものとして郵政省では地域情報化の長期的な推進施策を確立した。それが、「次世代における地域情報化政策の在り方」について電気通信審議会に諮問し、一九九九年五月三一日に「次世代地域情報化ビジョン―ＩＣＡＮ21構想」として答申されたものである。

同答申においては、各地域が地方公共団体首長のリーダーシップのもと、住民の参加や民間、ＮＰＯ等との協働等によって、自らの責任で地域特性に応じた情報化施策を推進すべきという観点から、次世代地域情報化政策「ＩＣＡＮ21（Information Community Area Network 21）構想」の推進について提言を行った。

以下でその概要を見ておくと、①地域情報通信システムの将来像として、地方公共団体による地域公共ネットワークの整備を行うとともに、情報通信システムの相互接続性の確保、②地域情報化政策の三つの方向軸として、広域化、担い手、地域特性の三つの方向軸を踏まえた地域情報化政策の推進、③地域間競争の促進として、モデル的取組への支援の強化と地方公共団体の情報通信ポテンシャルの公開、④地域情報化と行政情報化の一体的推進、などが基本的な柱となっている。

そもそもこの新しい構想は、地域コミュニティの住民のニーズに合致した地域主導の高度情報通信網の立ち上げを目指したもので、各地域の「産・官・学・住民」といった構成員が互いに参加し、相互のつながりを地域単位の情報ネットワークで持とうというものである。具体的には、地域コミュニティ内の組織（企業、自治体、学校、住民組織、商店など）にそれぞれＬＡＮをつくり、それを地域内で整備した幹線網につなぐことによって、コミュニティの誰もが高速で安価なインターネットにアクセスできるような地域単位の情報通信基盤を築こうというものである。そして、この基盤のうえに誰でもいつでも容易に使用することができる生活用、あるいは業務用の各種アプリケーションがのって活用されるというものである。さらに、それらの保守や革新および利用についての支援などを行うビジネスやボランティア活動が各地域で行われる、といったものがこの構想の基本的な考え方である。

二　CATVの普及と地域情報への期待

CATVは、その萌芽期においては難視聴解消のための補完的メディアとして存在していたが、近年ではマルチメディア時代の情報通信基盤として大きな期待を持たれている。この大きな変化への期待はどのような過程を経てきたのであろうか。

よく知られているように、一九九六年に至ってわが国の四六〇万世帯がCATVに加入し、全世帯に占める普及率も初めて一〇%を突破した。ちなみに、米国は六六・五%、ドイツは四三・四%、フランスとイギリスは共に六%台（郵政省調べ）である。アメリカやドイツに比べればその普及率は低いが、わが国でCATVの普及が大きく伸びた近年の背景として考えられることは、一九九三年以降の規制緩和策およびCATV振興策の推進の結果、全国的な事業展開を行うMSOの登場など、活発な投資と事業活動が行われたことがあげられよう。その投資額を見てみると、一九九七年度投資予定額は、通信産業全体が前年度比と同水準（約四兆七千億円）なのに比べて、CATVは前年度比五一・四%増の一、〇四五億円（通信産業全体の二・二%）と、民間放送全体の投資額（一、一二六億円）に匹敵する規模となっている（郵政省通信政策局調べ）。

近年、CATVは通信と放送の融合メディアとして注目を浴びているが、とりわけ第一種電気通信事業の認可を受ける事業者が急増している。これらＣＡＴＶ事業者は、ＣＡＴＶのフルサービス化に取組み、各種の電気通信サービスの提供を検討しており、諸サービスを開始し始めている。それら電気通信サービスのなかでも、インターネット接続サービスはＣＡＴＶの大容量のネットワークを活用しており、今後も参入事業者が多くなると予想される。

また、ＣＡＴＶ電話サービスは、（株）タイタス・コミュニケーションズが千葉県柏市に、杉並ケーブルテレビ（株）（ジュピター系）がそれぞれ一九九七年から開始している。これらは、ＮＴＴ加入者間の通話料が格安であるということで、今後一層普及することが予想される。

一九九七年版の通信白書では「放送革命の幕開け」と題した章があり、「デジタル」という共通の技術基盤を利用した付加価値の高いサービスの展開が予見的に述べられている。これにより、視聴者や利用者の生活様式が「受動的視聴」から「能動的視聴」へ変革するとある。このことは、近年の一連のメディアに関連するカルチュラル・スタディーズ研究の言説にみられることと無関係ではない。

この通信白書では、デジタル化の意義を次のように要約している。①チャンネル数の増大（周波数資源の有効利用）、②高画質化、③コンピュータと連携した新しい放送サービス、④移動時における放送の安定した受信、⑤地上放送における単一周波数中継の実現による周波数資源の有効活用。

以上のように様々なメリットをもつデジタル化は世界の趨勢であり、すでに欧米各国でデジタル衛星放送が実現しており、日本においてもパーフェクＴＶが衛星放送で一九九七年一月から本放送を開始しており、二〇〇〇年一二月からＢＳデジタル放送が、さらに二〇〇三年までに地上デジタル放送の一部地域での開始がされることになっている。

このデジタル化は、広く産業界にとって大きなビジネスチャンスでもあり、放送チャンネルの飛躍的増大、放送ソフトの需要拡大、関連産業への波及など、放送分野は新たな事業機会を生み出す経済フロンティアであると期待されているのである。

そこで、CATVにおけるデジタル化対応を見てみると、一九九六年に「有線テレビジョン放送におけるデジタル放送方式の技術的条件」について電気通信技術審議会が答申を行い、デジタル有線テレビジョン放送について、情報源符号化方式（映像・音声の符号化）、多重化方式および変調方式等の技術的条件を明らかにした。そして、この答申を受け、郵政省では同年有線テレビジョン放送法施行規則を一部改正し、周波数配置、変調方式、情報圧縮方式等の規定を行った。こうしたデジタル化への標準化を図ることにより、環境整備は整いつつあり、今後はデジタル化需要の増大に対するマーケットの拡大が現実のものとなりつつある。

そうなればCATVは、複数の軌道から送信されるそれぞれの衛星放送を事業者が受信し、魅力ある番組を選択して加入者に再送信するため、加入者の負担は少なくて済む。多様なチャンネルを再送信できる強みを発揮するために、CATVはより広帯域化とデジタル化をすることが趨勢となろう。

CATVは、他のメディアへの依存度が高いが、そうした他のメディアの量的増加、他メディアのデジタル化による一種の競争状態の激化は、ディストリビューターとしてのCATVの立場を有利にすることになる。CATVは、各家庭をネットワークで結んでいるという意味でも非常に利点がある。一度線が引かれれば、電話であれ、インターネットであれ、あらゆるサービスのプラットホームになる可能性がある。

こうした状況を踏まえて、日本農村情報システム協会で行ったCATVにおける高度利用に関する調査（MPIS施設六五、CATV関連メーカー一六社、学識経験者と専門家によるデータ一九九八年九月）によると、通信型サービスについての今後のニーズは、第一位「在宅健康管理」六九％、第二位「FAX通信」六三％、第三位「インターネッ

第２図　通信型サービスの追加・充実への構想

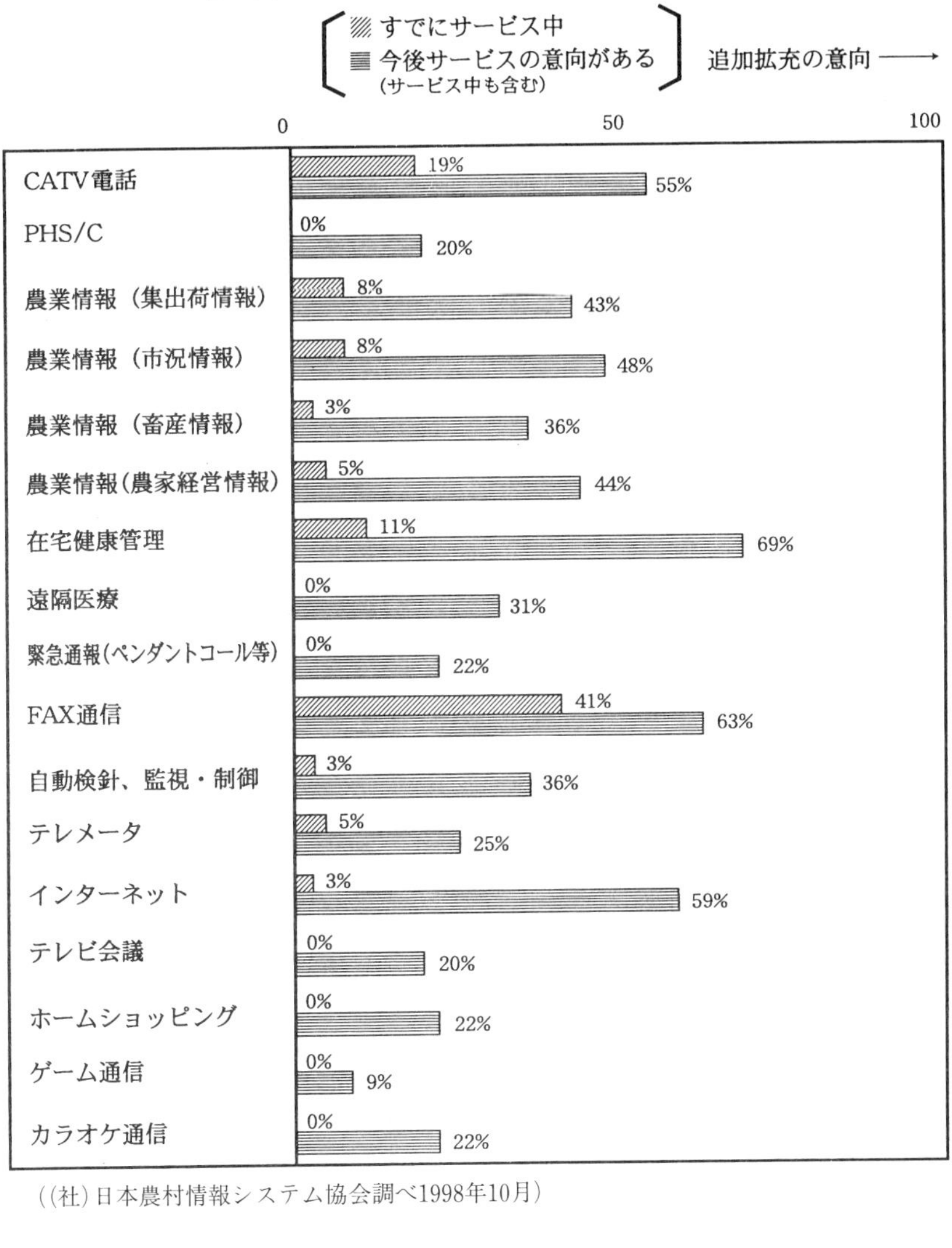

（(社)日本農村情報システム協会調べ1998年10月）

第3図　中長期的にみて新たに追加・充実の考えられるシステム
ポイント：各社から上位10位まで回答収集した結果を1位10点、2位9点……と試算

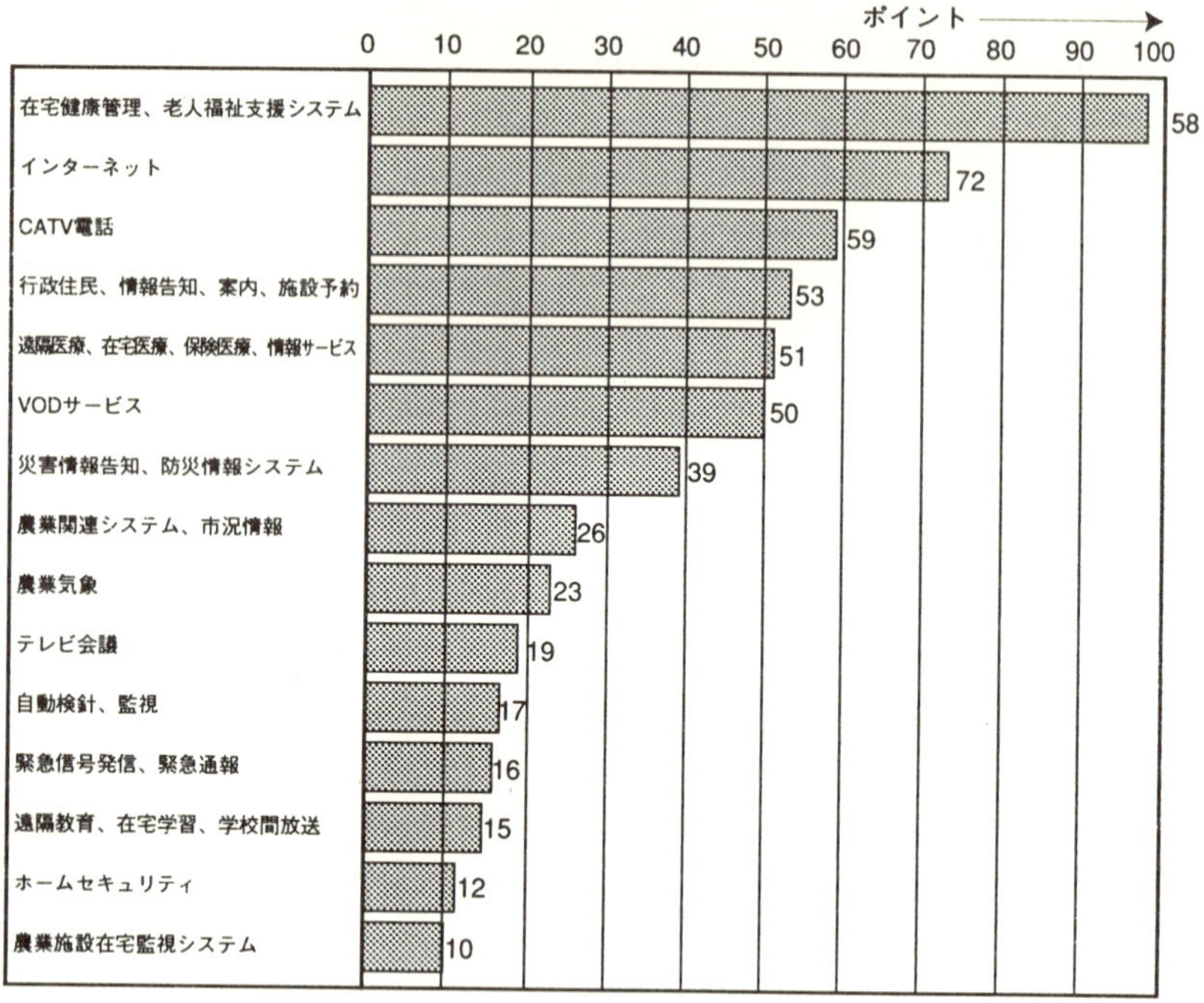

（(社)日本農村情報システム協会調べ1998年10月）

ト」五九％、第四位「CATV電話」五五％の順となっている（第2図参照）。

また、CATVに関する企業へのアンケートで、中長期的にみて新たに追加・充実が考えられるシステムの調査結果は、第一位「在宅健康管理、老人福祉支援システム」九八ポイント、第二位「インターネット」七三ポイント、第三位「CATV電話」五九ポイントの順となっている（第3図参照）。

上の表からも読み取れるように、CATVのデジタル化によって地域情報化に対する多様なニーズも変化してきており、今後、パソコンの処理能力や回線の高速化が一層進展し、インターネット利用が日常化する可能性も近いであろう。このように、技術進歩を背景として放送の分野においても通信の分野においても「双方向映像伝送」が可能となる。さらにこの傾向は一層加速されることから、ＣＡＴＶとしてもそれに対応することの必要性は言うまでもないことである。

一九九九年五月、電気通信審議会は、「ケーブルテレビの高度化の方策及びこれに伴う今後のケーブルテレビのあるべき姿」という答申を出した。この答申のなかで、一般的政策事項、制度的事項、技術的事項等の提言を踏まえ、今後のＣＡＴＶのあるべき姿についての指針として、二〇〇五年及び二〇一〇年においては、概略以下のような姿に進化していることが望ましいとされている。

①　二〇〇五年のＣＡＴＶ

・自主放送ＣＡＴＶ施設の幹線の光ファイバー化率をほぼ一〇〇％にする。
・ほぼすべての自主放送ＣＡＴＶ施設が伝送容量七七〇ＭＨｚ程度の施設に広帯域化する。
・ほぼすべての自主放送ＣＡＴＶが、ＩＰベースの双方向サービス（ケーブルインターネット等）を提供できるようにする。
・公正有効競争条件の確保の下、映像配信分野におけるＣＡＴＶと電気通信事業との競争の本格化がはじまる。

②　二〇一〇年のＣＡＴＶ

・難視聴対策の役割が終わり、自主放送ＣＡＴＶ施設における映像配信サービスの代替（一部の難視聴対策施設のグレードアップを含む）が行われる。
・ほぼすべてのＣＡＴＶがフルデジタル化を行っている。
・ＣＡＴＶ局間のネットワーク化が完成し、ほぼすべてのＣＡＴＶが複数市区町村間を単位としてグループ化をはかっている。

以上のようなCATVに対する一〇年先の構想が描かれているが、近時の日本経済の動向をみるにつけ、これらが絵に描いた餅にならないことを祈りたい。ただ、CATVは、近年の技術革新によりその魅力が増す一方でもあり、これが二一世紀の基幹的情報通信インフラストラクチュアに進化すべく必要な制度の見直しや支援策の充実を講じるなど、CATVのデジタル化・高度化が着実に進んで行くための政策を実施して行かなければなるまい。

(1) 国土庁編「第四次全国総合開発計画」一九八七年、七ページ。
(2) 同上 二八ページ。
(3) 同上 九三ページ。
(4) 同上 九三ページ。
(5) 同上 九四―九五ページ。
(6) たとえば、比較的初期の計画については、拙著『地域情報化過程の研究』日本評論社、一九九六年、二〇二―二〇五ページ。また、中央省庁および地方自治体の地域情報化政策の近年までの取組については、村上則夫『地域社会システムと情報メディア』一九九九年、税務経理協会、に詳しく述べられている。
(7) 高木教典「有線放送電話・有線ラジオ放送の問題状況」東京大学新聞研究所編『地域的情報メディアの実態』東京大学出版会一九八一年、一〇八ページ。

第二章　ジャーナリズム・メディアとしての可能性

早　川　善治郎

第一節　メディア機能評価の前提

一　マスメディアのジャーナリズム

日本におけるCATVメディアの始まりは一九五四年の群馬県・伊香保や山梨県・河口湖などの「共聴施設」の設置に求められるが、自主放送の開始は一九六三年の岐阜県・郡上八幡テレビであり、自主放送開始からまだ四〇年弱にしかならないニュー・メディアである。このCATVは、本書の他の章でも詳述されているとおり、予算、施設、設備、人的構成等の点でも、地上波テレビ（VHF、UHF）やCS、BS放送事業体の組織・体制と比較すれば、開設趣旨はさることながら、その規模および量・質など全てにおいて雲泥の差で小規模である。にもかかわらず、CATVは一九七二年の「有線テレビジョン放送法」制定によって、否応なく放送メディアの範疇に取り込まれ、全国的ネットワーク・システムの既存放送と同様の規制・監督体制下に置かれることとなった。この時点以来、CATVはマスメディアとして、あるいはジャーナリズムのメディアとしての機能・役割・期待・責任を否応なく担うことになった、と言うべきであろう。

この章のテーマは、ＣＡＴＶのコミュニケーション過程の中にジャーナリズム機能の可能性を考察することである。それは、既存のメディアによるマスコミ過程にＣＡＴＶのコミュニケーションの機能を位置づける作業でもある。その場合、幾つかの現実的な諸状況が前提として措定されなければならない。まず、昨今の日本のマスメディアが見せているコミュニケーション活動全般における特殊な態様、中でもそのジャーナリズム活動の特性を挙げておかねばならない。直近の事例でいえば、一九九九年に結成された自自公政権下の国会で成立をみた諸法律の、立案・提案・審議・採決の展開過程に直面して露呈した、既存マスメディアのコミュニケーション活動の態様である。すなわち、周辺事態法（ガイドライン法）、通信傍受法（盗聴法）、国旗・国歌法、住民基本台帳（国民総背番号制）に関する法律、などの国会での成立である。いずれも日本国各地域に生きる人びと全ての生命・生活および基本的人権の実質とその将来に重要な影響を与える法律であると言わなければならない。これらの議案の国会議決に至る過程で、既存の大メディアはいかなるコミュニケーション活動を見せたか。果たして、ジャーナリズム機関としての活動を展開したであろうか。ＣＡＴＶの放送活動をどれほど凌駕しているであろうか。この章のテーマを考えるにあたって、そうした側面を記憶装置に〈input〉（銘記）しておく必要がある。

二　〈情報革命〉にマスメディアはどう対処しようとしているか

九〇年代後半から加速してきている〈情報革命〉の中でマスメディアはいかなる対応を続けてきたか。産業界、政・行界、教育・文化界、娯楽・消費界等々、全ての社会・生活分野においてこの〈情報革命〉は浸透し進化を続けているのであるが、マスメディアは異業種とともにこの技術・文化をどのような将来像へ結像させようとしているか。コミュニケーション機関、ジャーナリズム機関としてのその将来像の「内包」を問題にしなければならない。

一九七〇年代に持った私見では、相次ぐメディアの開発・進化のすさまじいテンポを勘案すれば、地球的規模の情報革命過程に組み込まれたメディアは、全体としての情報システムの中で次のような位置を占めるものと想定された。〈通信衛星↑↓各メディア（CATVも）↑↓端末（end user）〉である。この構図の中の〈各メディア（CATVも）〉の位置には政治・行政、産業、教育、文化を含む各情報組織機構が網状に連結されている。これが情報通信システムの多分三〇年将来までの主軸形態となるのでなかろうかと考えた。そして、その構図の中に位置するメディアのコミュニケーション活動に注目して行かなければならない、と。しかしながら、その予想は現実の情報革命、メディア革命によってすでに超えられているのである。

すなわち、一九八〇年代前半の日本には〈ニューメディア・フィーバー〉があり、九〇年代に入るや〈インターネット元年〉〈マルチメディア元年〉など、メディア革命を誇示する呼称がメディア界や通信産業界でもてはやされた。九〇年代には、CS利用のマルチメディア端末と対応したコミュニケーション構想が提起された。通信と放送の融合を実現した電気信号のデジタル化によるCS放送システムが、日本でも実用段階に突入した。メディア界に眼を向けるならば、例えば、取材—編集過程ひとつをとってみても、そのコンピューター化は一層進んでおり、情報収集・取材（input）過程には七〇年代後半からENGが、八〇年代後半からSNGが、そして九〇代は衛星を利用するSNGを経てDNGの時代に入っている。だが一方では、メディアの表現・伝達過程に「変異」——通信技術システム革命と社会全体の情報化過程の中での〈脱ジャーナリズム状況〉という事態——が指摘されるようになってきた。

三　概念の説明

この章のテーマを記述するに際して使用する幾つかの用語について、概念上の指示内容を確認しておくことが必要であると考える。

まず、メディア・コミュニケーション研究の近時（一九七〇年代以降）の実証的研究成果によれば、メディアのコミュニケーション活動によってもたらされる社会的効果のひとつに「議題設定〈agenda setting〉」の機能が挙げられている。それは、事実、事件、事態、状況などを、〈audience〉のコミュニケーション次元で論争点レベルに持ち上げ〈顕在化させる〉作用のことと理解されよう。ここでこの仮説の内包をこれ以上詳しく吟味することはしないが、メディア・コミュニケーションによって〈audience〉の知識＝貯蔵情報の内部環境に〈agenda〉を浸透させる能力をメディアが持っている、という指摘は妥当なものと理解することが出来よう。多くの調査・研究結果の共通の知見となっているように、メディアが〈audience〉の知識・情報源としての役割を果たしているのが実態である。

付言すれば、上記の九九年に国会で成立した諸法律のテーマは、いずれも、各地域の住民の総和としての国民〈audience〉にとっては〈agenda〉であっただろう。今では「〈agenda〉であっただろう」という仮定の言葉で書かねばならない。なぜ仮定法なのか。それらのテーマが〈agenda〉として全国民＝〈audience〉の知識・情報の内部環境に〈input〉（銘記）され、記憶され、そして想起されることが必ずしも顕著ではなかったからである。

次に、メディアのコミュニケーション活動をめぐるその社会的機能のひとつとして、半世紀以上も昔にH・D・ラスウエルは「環境監視」を挙げていた(1)。メディア・コミュニケーション活動の特にジャーナリズム活動には環境の監視という機能があることは言うまでもない。特に現在では、内・外の政治や経済などの領域に限らず、自然環境問題までを含む領域に関しても、その機能には強い期待がかけられている。例えば、地球の温暖化現象、酸性雨、フロンガスの増加とオゾン層の関係やダイオキシンの危険性、さらには地球の砂漠化や海、河川の水質汚染、等々は半世紀以前にはメディアのコミュニケーション内容には殆ど登場することのなかった環境問題である。政治や経済の領域ばかりでなく、地球上の人間生活とその営為全体がシステムとして相互連関しているのであり、各地域に拠点を置く各ＣＡＴＶ局を含め、各種メディアの「環境監視」機能と意義に対しては一層の期待が寄せられている。

ところで、以上の記述の中で幾度も〈audience〉という英単語が使用されている。これは日本語では〈受け手〉として表記される場合が多い概念である。しかし、厳密には、それは正確な訳語ではないだろう。英語の〈audience〉はマスコミ過程でメッセージを受け取る者のことである。日本語の〈受け手〉にはもう少し異なるニュアンスが付きまとっている。マスメディア＝〈送り手〉によって客体化・対象化された〈受動的な受け手〉という意味合いが強いのである。コミュニケーション過程の〈communicatee〉とは同質でないことに留意しなければならない。それは、多分に、政治過程で権力支配層によって支配対象とされる〈被支配層〉のイメージと重なっている。従来、マスコミ理論の分野で〈受け手〉の主体性・自発性・創造性の恢復が唱えられてきたが、それは論理矛盾ではなかったかと思われる。例えば「利用と満足」研究でも、〈audience〉の選択的なメディア接触とメッセージの解釈や受容レベルでの多様性などが、〈受け手〉の自発性と主体性の発露として評価される程度である。メディア・コミュニケーション過程で、〈受け手〉が〈送り手〉の意図どおりにメディア内容を〈受容する〉わけではないことを、経験科学的に実証した点は無論評価されてよいと言えるが……。大量の一方通行的情報過程での〈受け手〉が、その過程で、〈送り手〉と同等の主体的・自発的・創造的コミュニケーション行為を行えるわけがない。創造的・能動的なコミュニケーション（発信）行為はマスコミ過程の中に存在するのではなく、マスコミ過程とは異次元のコミュニケーション過程で現れるのである。その種のコミュニケーションのために必要なメディアというのは、従来のマスメディアのことではない。その種のコミュニケーションには、これまでメディアの入手が困難であった。しかし、メディアが手に入る時代が到来したのである。個人が操作し発信することの出来るマルチメディアの時代がやっと訪れたのである。CATVはその種のメディアのひとつとなる可能性が大である。マスコミ時代の中で、日本全国に発信するマスメディアに対抗出来るメディアとして、地方＝地域のCATVのコミュニケーション機能には注目しなければならない。

また、本章では、解読・解釈される記号および記号連合を〈情報〉とする理解で考察を進めていくが、ここでCATVコミュニケーション活動を「ジャーナリズム」の機能・態様と関連させて若干の考察を試みておきたい。CATVを「情報」メディアとして考えるか、「コミュニケーション」メディアとして考えるか、という問題がある。結論的に言えば、いずれのメディアでもあり得るということである。だが、「コミュニケーション」メディアとならない限り、そのジャーナリズム・メディアとしての側面は顕在化しないと考えるのが妥当ではないか。なぜなら、記号連合としての〈情報〉が判断・認識レベルで〈活性化〉するときにこそ、CATVは〈コミュニケーション〉現象を惹起することが可能なメディアとなるからだ。その点を強調するならば、天気予報や株式市場の〈情報〉などは人間社会の〈情報〉ではあっても、それは〈情報〉＝コミュニケーションと言うべきものである。しかし、社会生活レベルで問題化し争点化した諸問題に関する見解・評価・主張・意見などをめぐる意思表示と伝達などは、すぐれて〈ジャーナリズム〉＝コミュニケーションの機能を持つと言ってよい。「情報」と「コミュニケーション」の両者相互には、そのような差異があると考えたいのである。

従来、メディアのジャーナリズムの定義・理論においては、その表現・伝達活動の実質的特性として「積極的批評性」「現実総合性」などが、その認識の座標軸に置かれていた。つまり、ジャーナリズム活動というのは、単に情報を表現・伝達すること（ストレートニュースとか〈事実〉の〈客観的〉コピーの伝達）のみに限定されない。本来的には、事件・事態などを「積極的批評性」および「現実総合性」の次元において、そして同時に、しばしば政治的次元において記録し表現・伝達するのであるから、当然のことながら、価値判断と主張と批判の意味作用が発現する。それが〈audience（読者、視聴者）〉の意見・意思・評価、さらには現実的な行動をも引き起こすことに繋がる。単なる情報伝達で終わる限り、〈audience〉の価値態度や美意識あるいは思想に影響を及ぼすことは稀であろう。人間の精神世界に影響し、行動を惹起するのは、「コミュニケーション」の次元に至った場合なのだから。つまり、ジャーナリズムは、記号集合パタンとしての情報の、特定の社会的・歴史的態様による価値と思想の表現（＝伝達）活動であるというのが〈古典的〉理解であった。

とは言うものの、ジャーナリズム的表現・伝達活動を、単に情念優位の主義、主張、党派のイデオロギーや政治的プロパガンダのような表出態様に限定するのは適切ではないだろう。ジャーナリズムの言語はそのような狭い窮屈な表現形式に止まるものではない。換言すれば、ジャーナリズムというのは、人類的価値と歴史認識に裏打ちされた普遍性に富む理念を基盤とした、事実・事態の精密な「記録」とそれに基づく積極的な「言論と報道」の表現活動＝形式を指すもの、と理解するのが適切なのではなかろうか――というのが、この章で使用する「ジャーナリズム」という用語の意味内容である。

第二節　既存メディアのジャーナリズム

一　全国的〈agenda〉の消滅

まず、前の節で触れた〈agenda setting〉や「環境監視」機能の側面からみて、先発・既存の全国メディアは本来的なジャーナリズムのメディアたりえているか、と発問してみる必要があった。ジャーナリズム・メディアとしては、〈論争〉を起動させる報道・主張・評論活動等を行うこと。その論争点を、究極的には、なんらかの政治的決着に至らしめること、そのためには事実や事態の先鋭な「記録」がメディアとしての最小限度の責務である。

しかし、メディアのこのような機能と責務は、最近は必ずしも実現されていないのではないか。例示したように、九九年の周辺事態法、盗聴法（通信傍受法）、国旗・国歌法、住民基本台帳（国民総背番号制）などの一連の国会審議・可決に際して、メディアは国民（〈audience〉と言ってもいい）の内部で明確な〈agenda〉を形成したであろか。否、と判定するしかないであろう。

もう少し敷衍してみよう。政治の「五五年体制」崩壊以降、それまで不可能とされていた諸政治案件が、一九九九年に成立した「自自公」連立政権のもとで、相次いで国会を通過した。この政権の構造と動向を「大政翼賛会」の再来と呼ぶ人もいる。ファッシズム体制だと警鐘をならす人もいた。たしかに、「自自公」形態は多数決民主制の「装置」ではあろうけれども、三党の政策や綱領さらには総選挙で掲げられた三党の公約には、「連立政権」は唱われていない。新しい〈派閥連合〉である。政局安定のために作られた多数派（議席の過半数）といえども、民主主義を形式的にもせよ声高に標榜するかぎりにおいて、選挙民から付託されていない全国民的テーマの国会議決は、野党が糾弾するまでもなく、かなり無理な話であろう。もし有権者の民意＝世論が「Ｎｏ！」と表明するならば、国会におけるこうした三党連合政権・多数派といえども、〈単独審議〉の強行と採決の実行は困難である。有権者の民意＝世論を〈有効に〉反映するメディアはなく、民意を問う総選挙も行われていない。

上記の諸議案の内容を必要かつ十分に説明・解説・判断・評価・批評するジャーナリズムは、一九九九年の日本には存在しなかったと言わねばならない。諸議案の内容が国民生活次元で具体的にどのような影響をもたらし、どのような現象や結果（多数派が意図する）が想定・予想されるかを、明確に表現し伝達するメディア・ジャーナリズムは

なかった。まさしくメディアの「変異」である。その事態を本澤二郎は「脳死状態の言論界」と称している。(2)

ただ一つの救い(?)は二〇〇〇年一月の吉野川可動堰建設の可否を問う住民投票が実現したことだ。投票率五〇%以上を「有効条件」とする不可解な県条例にもかかわらず、投票者が堰建設反対を圧倒的多数で意思表示した。そのことは政府(建設省)の方針に水をさす効果をもたらした。今回の経験をはずみにして、直接投票形式の民意表出は全国の地域民主主義運動を一層活性化する大きな一歩となるのではなかろうか。

相次ぐ原発の事故、二〇〇〇年四月からスタートした介護保険制度の各県内の混乱などをとってみても、地方＝地域社会の問題は多い。例えば、この介護保険制度について、「朝日新聞」(二〇〇〇年三月二〇日)の社説は、「子が親の面倒をみる美風」を強調した亀井静香・自民党政調会長の発言を批判して、「お年寄りとその家族が、穏やかで情愛に満ちた毎日を送れるか。それは、だれにでも必ず訪れる人生の最後を、尊厳をもって迎えられるかどうかの問題でもある。」と述べ、この「日本型福祉」と称される制度について、「社会が介護の手助けをしようというのが制度の趣旨だ。(略)注目すべきは、介護保険には日本の現実を大きく変える可能性がある……」

という点を指摘していることが重要である。つまり、「介護保険には地方分権の先導役としての役割」があり、結果的には「住民が自分の住む自治体と、ほかの自治体の姿勢を比べ、首長や議員の選挙への関心を高めることが考えられる。」と、「朝日」らしい判断を引き出している。「朝日」が今回スタートする介護保険制度という〈福祉〉保障の改革を〈政治〉の次元へと転化して発想するのは、社会構造システム全体の内部では諸部分が相互連関・相互依存している、という社会学的認識視座と相通じる。この「朝日」の視点に関してはもとより異存はない。そればかりか、地域情報メディア・システムが作動する可能性のある分野として、「朝日」の社説内容の延長線上にある問題点を注視していきたいのである。

このように、中央（国）――地方（県、市町村）レベルを問わず、社会的な問題解決のための計画・行動を起動させようとする全ての人びとに対して、ＣＡＴＶをはじめ地域情報メディアはここでは直接「ものを言う」能弁で危険な（？）メディアになるかもしれない道筋が見えてくるのである。

ここで、いささか教科書的な視座に移動してみよう。日本の経済的不況がアジアの諸国の経済状況に著しい影響をもたらしたのは、つい数年前のことであった。日本のバブル経済の破綻はアジアの諸国のみならず、欧米からも危惧され、サミット（主要国首脳会議）やＧ７（主要国蔵相・中央銀行総裁会議）の重要テーマになった。さらに言えば、現在（二〇〇〇年）のアメリカ経済の史上最高の好況がひとたび崩壊するならば、その世界的影響は一九二九年に始まった世界的大恐慌の規模を超えると推測されている。マクロ経済学や社会学理論で言う相互連関的システムの作動するスケールは巨大である。

また、地域のイッシュー（争点）が全国、ときには全世界的規模の争点や問題となる時代である。東京都杉並区の一主婦の提唱から発して、日本全国そして世界中を動かした原水禁運動はその一例であった。一方、社会の諸部分が人類社会総体と密接に関連している。北半球の先進諸国に起因する地球温暖化の現象ひとつをとってみても、部分が全体と密接に関連している。現代社会の構造・機能的連関システム論に立つまでもなく、地域の環境問題を全国的問題に転化し普遍化しなければ、本質的な解決策は期待し難い時代なのだ。そうした仕組みの中で、メディア・ジャーナリズムは極めて能動的で積極的な意義を問われているのである。

こうした視点を絡めながらもう少し考察を進めてみよう。九九年の国会で可決された「周辺事態法」（通称〈ガイドライン〉法）の内包するテーマが、日本国民全体にとっての〈agenda〉たり得るものであったのは言うまでもない。

なぜなら、米軍基地や自衛隊の基地のある地域住民にとって、この「法律」の成立・適用は極めて重要な関心事であることは明らかであるからだ。現行の日米「安保条約」が存在するのに、なぜ「安保条約」以上の内容であると言われるこの法律の新規制定が必要であったたか。日本海の領海内に現われた国籍不明船の事件はあった。が、それだけがこの法律の制定動機の全てであったわけではないであろう。〈ガイドライン〉という用語でメディアは報道していたが、それは政府・与党が使用したコトバであった。英文表記では〈war manual〉である。戦争状態に至った際のまさに〈manual〉である。そこには議案提出側の巧みな言語操作（symbol manipulation の手法）が行われている。

この法律の制定以降、〈有事〉に際して日本各地域の関連施設を軍事協力の目的で提供・使用させることが可能となったわけだ。関連施設には空港、港湾、病院、道路、鉄道、学校、公民館、その他の公共施設などが想定されている。（「安保条約」によって米軍が従来使用してきた港湾や空港以外の場所にも、この法律の制定と関連するのか、北海道・小樽港には米海軍の艦船が入港している。地域住民による反対のデモもあった。）これらは全て地域住民の経済活動や日常生活の利便のために供されている社会的施設と機関である。それらが有事に際して優先使用と接収を強制されることになるのであり、その事態を強制する法律の制定は、まさに地域住民にとっての緊迫した〈agenda〉であることは明白である。

〈周辺事態法〉との絡みで想定される事態に関して日本国内各地域（県、市町村レベル）で発行、放送活動を続けているメディア（全国紙の地域版、ブロック誌、県紙、VHF・UHFのTV放送やAM・短波ラジオなどのネットワーク放送、地域FM放送、タウン紙・誌などの地域出版、そしてCATV放送など）はどのような取材・報道・解説・批評の表現と伝達活動を展開したであろうか。この法律案の国会上程から審議・議決の過程で、例えば、地域住民に対して世論調査をしたり、講師を呼んで議案内容と地域住民の生活環境や人権に関わる問題を明らかにする企画・立案と実行などのメディア活動をしたであろうか？　この議案を記事化した全国紙、県紙などの論調・報道記事内容を、各地のCATV局は紹介し、解説・論評を継続したであろうか。他地域CATV局の番組（放送したものがあれば）などの紹介を試みたであろうか。全国各地域の住民の生活・福祉・人権に関わる〈agenda〉であることは明白なのにもかかわらず、それらについての潜在的情報〈needs〉を掘り起こすジャーナリズム活動は活発ではなかったようだ。

二　メディアの「環境監視」

もうひとつの例を取り上げてみる。一九九九年四月末に茨城県・東海村のJCO東海事業所で発生した原子炉における臨界「事故＝現象」の場合である。現在、多数の原発が日本各地で稼働しているが、現在建設中のもの、建設を計画中のもの（政府は二〇一〇年度までに最大二〇基を増設することを目標としている）の合計基数はかなり多い（図1）。

図1　日本の原子力発電所（2000年2月）

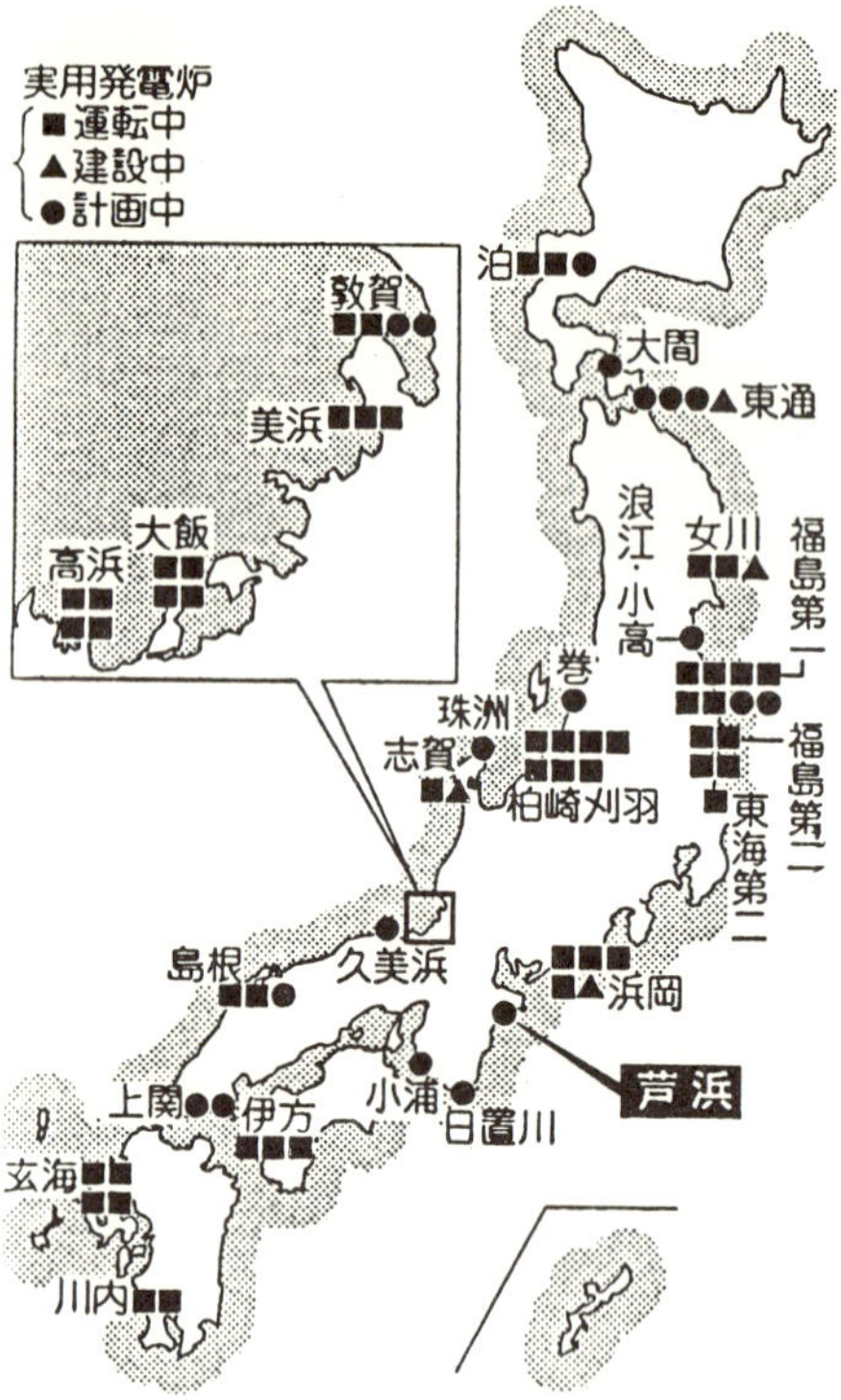

稼働中の原子炉ではこれまでしばしば「事故」があった。殆ど日常茶飯事的に繰り返される多様な「事故」の度に、全国メディア（新聞、放送）はそれらの「原因」や「内容」を淡々と報道してき

た。が、「事故」は後を絶たず繰り返されている。それらの「事故」の実態や経験を徹底的に調査して報道したメディアも殆どないし、〈agenda〉として原発世論を喚起するために積極的に論評し報道したメディアもない。

日本各地に建設され稼働している原発に関して、一〇〇％の安全性の保障などないことは原発の歴史が示している。にもかかわらず、各自治体や地区住民によって今なおその設置計画が進められているのは何故か。地方交付税や補助金にかけられる期待、漁業振興策、過疎対策としての特効薬が夢見られているためであろう。地方自治体の本来の使命である、住民の生命と生活の安全および十全な福祉の確保のために必要な予算と人員が、原発と引き替えに、原発とセットでもたらされるという現実。そこには抗しがたい魔力がある。原発建設地区にＣＡＴＶが開設されているケースも多い。地域住民の生命・健康・生計の代償として提供された設備である。地方＝地域の住民の生活と生命の安全や福祉が、原発設置に直結する不幸な現実に対して、地域情報メディアはなにをなし得るか。それが容易な仕事ではないのも現実であろうけれども。

直接的な被害・危険が及ばない人びとの脳裏には、原発問題は（潜在的に銘記されているとはいえ）必ずしも顕在的、持続的に活性化しているわけではない、というのが実態であろう。つまり〈agenda〉とはなっていないのである。それはメディアのコミュニケーション活動態様に照応している。先年発生したロシア・チェルノブイリの原発事故のとき、放射能に汚染された広範囲の地域の環境問題や、かの国の政府や地方行政体がとった施策、さらには被爆した住民たちの生活・健康状態や治療のために日本の病院を訪れた子供たちの様子などに関しては、確かに新聞とテレビの報道量は多かった。だが、東海村の原発「事故」直後、地域生活次元でなにが起こるか、住民は殆ど知らされなかった。政府や自治体の対応も心もとない限りであった。あの時、メディアはどこまで「環境監視」の仕事を行ったかを、改めて想起しなくてはなるまい。東海村から半径五〇キロメートルの範囲内に所在する諸地域メディアは、どのようなコミュニケーション活動を続けたであろうか。

これは大変に興味深い問題である。たしかに、全国紙、ブロック紙、県紙、NHK、民放などが報道することはあったが、原発近接地域のCATVが原発事故（のみならず原発建設計画）について報道することは殆どない。何故か。その〈理由〉としては最小限二つを挙げられる。ひとつは、原発のみならず、地域の政治・行政あるいは地元の事件などを取材するスタッフが少ないため、裏づけ情報が皆無もしくは不足しているためである。それらに関するコメントを自粛せざるを得ないのは当然であろう。マスメディアのように、記者室の記者クラブに加盟していれば、それは可能かもしれない。CATVの取材記者は記者クラブに加盟していないのだ。このことは一大ネックである。だが問題はそれだけではない。第二の〈理由〉がある。政治的コメントをつけた番組の放送はCATVにとって〈禁じ手〉というのが現状であること。それは日本全国のCATVに共通する実状である。原発問題を含め地域ジャーナリズム活動が極めて困難になっているのは、以上の事情によるのである。

二〇〇〇年二月二二日、北川恭三・三重県知事は三重県芦浜の原発建設計画を白紙に戻すよう、中部電力と通産省に申し出ると発表した。これは、芦浜地域の原子力発電計画推進派と反対派住民との間で、一九六三年以来三六年間にわたって続けられた対立に終始符を打つ、決定的な発言であった。政府ばかりでなく、電力業界をはじめ産業界や日本中の原発設置自治体にも、衝撃を与えたであろう。ことは政府のエネルギー政策という巨大な課題に重大な影響をもたらしかねないからである。北川知事のこの発言をマスメディアは一斉に報道し、各関係分野からのコメントが多数紹介された。先に東京都内の大手金融機関に対する外形標準課税を打ち出した石原慎太郎東京都知事の行為と並べて、地方自治体の意思決定が中央政府の政治・行政のありかたに竿をさす動きであると書いた。新潟県では県内有権者の過半数をはるかに超える原発反対の署名者数を背景に、九六年八月、全国初の、県条例に基づく巻町住民投票があり、政府の原発建設計画（を完全に達成することは困難という予想を織り込み済み、という見方もあるが）はその時点で大きな狂いを経験した。原発建設の計画基数の下方修正は余儀なくされ、二〇〇〇年三月三一日に、電力会社一〇社は二〇一〇年までに建設を計画していた原発二〇基を一三基に減らすことを決定した。

また先記の四国・吉野川可動堰建設反対の住民投票は、政府・建設省の国土（開発）計画に対する地域住民の意思を表示しており、政府の計画に対する地方の反発は近時次第に強まりを見せている。地域住民が表明する意思を無視しては、地方自治が成り立たないのは当然である。他方、自治体や地域住民の集合的意思の形成過程に対して、全国メディアが政治的・社会的影響力を及ぼすような報道・言論活動を見せることは、最近は稀有のこととなっている。一九八〇年代以降この傾向は顕著である。これまで紹介した「地方」の事件や事態の殆どが、全国規模のメディアには〈報道〉記事として登場したものばかりである。けれども、それらの記事やニュースの大部分は、記者クラブを経由して発表された〈結果報道〉であることが殆どだと言っていい。独自取材の記事は必ずしも多くない。まして、県版や地域版で〈agenda〉を構築し、キャンペーンを張るケースは影を潜めてから久しい。では、かたやCATVを含む地域メディア（活字、電波）は地域のイッシューに効果的な取り組みを行ってきたであろうか？　上記の新潟県・巻原発建設反対の住民運動は、東北電力の原発計画の正式発表の二年前に「新潟日報」がこの計画をスクープしたことで、火がついたと報告されている。この県紙のスクープ記事が県民意識の形成に貢献したことは注目に値しよう。地域住民にとってのそれは見事なアンテナであった。「新潟日報」の取材・報道活動は、H・D・ラスウエルが指摘したマスコミの「環境監視」機能を実現したものと評価されてよいであろうし、新潟県民に対して〈agenda setting〉という重要な仕事をなし遂げたことになろう。地域自治は地域住民の日常的な相互信頼関係が基盤になっているが、地域メディア（ジャーナリズム）の活動・機能はまさにその点と関連することが証明されたのである。

第三節　ＣＡＴＶ―メディア機能で再浮上

一　ＣＡＴＶ―メディアとしての浮上

二〇〇〇年一月二八日の「朝日新聞」は（一九九九年に郵政省が発表した）「放送のデジタル化」構想との関連で、ＣＡＴＶに関して次の見出しを付けて報じている。

「　放送デジタル化　ＣＡＴＶ飛躍の予感
　　ケーブル　使える　　　　　　」

「朝日」はこの日八段抜きの紙面記事で、「放送デジタル化で、ケーブルテレビ局がかわる。それは二一世紀の通信網の姿を変える可能性を秘める」と強調している。柏木友紀記者の署名入りのこの日の記事内容を参照しつつ、この動きを以下に記しておこう。

本章の他の箇所で触れたことと関連するが、電波通信審議会は、一九九九年五月に全国のＣＡＴＶを二〇一〇年までにデジタル化することが望ましいという内容の答申をしている。郵政省も地上波のＢＳデジタル放送を二〇〇〇年一二月から開始し、二〇一〇年までに全ての放送波をアナログからデジタルに変更するという構想を発表した。だが、電波通信審議会の答申にもあるように、ＣＡＴＶ一局あたりのデジタル化費用は三億から一〇億円に及ぶのである。（例えば、東京のキー各局のデジタル化に関する設備投資額は一兆円を要すると言われている。）そのため、各ＣＡＴＶ局は「合従連衡」による規模拡大が必要であるとされている。大多数のＣＡＴＶ局は、難視聴解消と地元資本による地域密着型を標榜してスタートしたため、事業規模も対象地域も小さい。経営の健全化を求めることと、九三年の規制緩和により、複数局を保有・運営するMSO（統括運営会社）型も出現している。が、デジタル化の費用負担はCATV局にとって大きな負担であることに変わりはない。九九年度は約半数のCATV局が単年度黒字を実現したとされているが、それは各局が四苦八苦で達成した結果でしかなく、CATV局の経営の現状は依然として前途多難であると言わねばならないであろう。中央省庁の補助金に全面的に依存することも出来ない。

九〇年代中葉から日本にもインターネットやマルチメディア化の波が押し寄せ始めたが、二一世紀初頭にかけて放送のデジタル化が本格的に進展することが明確になると、CATVのメディアとしての施設・設備は多目的利用の期待を担わされることになり、関連業界はCATVに熱い視線を送るようになった。インターネットばかりでなく電話機能や放送、電子商取引、電力使用量の検針等々にまで機能を拡大する方向へ、つまりCATVはマルチメディアとして産業界に再登場・再浮上してきたのである。情報・通信のそれはまさに総合インフラの姿である。同日、柏木記者は、

「鉄道敷に沿って光ファイバー網を持つ、東急や小田急などの私鉄各社のCATV局も来年初めまでに、東京電力など異業種も含む数十社の出資により、日本デジタル配信センター（仮称）を設立する」

と報じている。

なお、「朝日新聞」の記事中にも登場する「マルチメディア」という片仮名表記は、現在の日本社会ではかなり日常化したコトバである。が、しかし、このコトバの専門的な意味＝内包が、正確に理解されて用いられているとは言えないであろう。メディア人やメディア研究者の間ですら、その点は類似する。本章でも、CATVを念頭に置きつ

つ、このコトバの内包は、次のような、多分に曖昧かつ便宜的な意味合いで使用することになる。すなわち、

① 従来型（VHF、UHFを受像する）TVはHDTV画面に変わる。音・声の精度が上がる。パソコンの端末も同様になる。

② インターネット情報圏に接続・連結（現在既に実用化しているオンラインショッピング、銀行利用、電子商取引等々）。

③ 双方向コミュニケーションの利用方法が拡大する。

④ ネットから情報を引き出し、個人次元の情報ストック・編集行為の一般化が進む。個人の音響・映像ライブラリー（「電子図書館」）の構築も進む。

⑤ 要するに、〈多機能型情報メディア〉である。

さて、一九九八年度末の日本のCATV局は七三八社であり、加入世帯数は約七九四万で、全世帯にしめる割合は一七・二％である。世帯普及率が六割を超える米国にははるかに及ばないが、今後の普及拡大が予想されるだけに、その多目的利用の可能性は十分注目されよう。CATVの同軸ケーブルは現在でも約一〇〇チャンネルの回線を内包しており、メディアとしては双方向の交信が可能である。このCATVのコミュニケーション機能は、現在までのところ本書の他の章で触れられているような、限定された使用形態で活用されているにとどまる。上記の「朝日」が報道しているところによれば、五都道府県にわたって加入世帯をもつ「タイタス・コミュニケーションズ」には、約八万五千の加入世帯があり、九九年秋からケーブルでインターネット事業を開始している。CATVのケーブルをインターネットや電話に使用することが可能という指摘は以前からあった。神奈川県・相模原市ではケーブル電話が実現されている。TV・インターネット・電話を個別に各社と契約するよりも、ケーブルで一括するほうがかなり割安に

なるのだ。郵政省によれば、二〇〇〇年一月現在で、ＣＡＴＶ局による電話やインターネットなどの免許登録は一二〇社を超えているという。近い将来、このケーブル利用は電気使用量の検針などにも及ぶと予想され、総合インフラとなる可能性を秘めている。通信過程の局面に限定してみるならば、既設鉄道、電線、水道管などが、ＣＡＴＶのケーブル線とともに〈信号〉の送信網として利用される時代が来ることは、かなり以前から喧伝されていた。

事実、鉄道敷に沿って敷設されている光ファイバー網を持つ東急や小田急など私鉄各社のＣＡＴＶは、二〇〇一年春までに、東京電力など異業種を含む数十社の出資による「日本デジタル配信センター（仮称）」（本社・東京都渋谷区）を設立する予定である。これとは別に、ソニー・トヨタ自動車・東急電鉄の三社は、共同出資によって、ＣＡＴＶを組み込んだインターネット事業に着手することになっている。この三社は、次世代インターネットの主導権を確保するために、全国のＣＡＴＶ各社にインターネット接続を働きかける方針である。ＣＡＴＶ網をインターネットに利用するならば、映画、音楽、ゲームソフトなどを瞬時に各家庭に配信出来るばかりでなく、双方向の情報交信やオンラインショップ・電子商取引まで可能になる。家庭用ゲーム機のソニー・コンピュータエンタテイメント（ＳＣＥ）も、二〇〇一年には「プレステーション２」をＣＡＴＶに接続し、映画やゲームソフトを配信することにしている。これらの他にも様々な計画や構想があるが、かつて共同視聴・難視聴解消・モアチャンネルのメディアとして使用されていた地域情報メディアとしてのＣＡＴＶは、急速に高度化する情報システムの環境にとっての必須の通信メディアとして、華々しく再登場することになったのである。

以下では、日本におけるＣＡＴＶの現在までの運用態様の問題点を中心にして考察を進めることにする。

二　ＣＡＴＶの意義と問題点

斉藤吉男は、中央政府の省・庁が推進している地域情報化政策について、それが地域における情報通信技術の開発とその高度ネットワークの構築、情報産業の育成と立地などによって地域の諸分野の振興を企図したものであったのだから、次の点を忘れてはならないと強調している。

「……新しい地域通信ネットワークのシステムを公共投資等によって導入設置するだけでは不十分なことは云うまでもない事であろう。地域情報化施策が地域社会に本当に根付くためには、地域に新しい情報産業――ハードな装置産業のみならず、知的情報産業――が立地する地盤が樹立されて、それによって地域が情報の発信地とならなければならないであろう。さらに地域内での相互のコミュニケーションやネットワークが構築され、住民の主体的な参加が行われるようなコミュニティ形成が可能となっていなければならないはずである」(3)（傍点は引用者）、

と。

斉藤が述べているように、ＣＡＴＶによる地域情報の発信と、ＣＡＴＶ局間の情報ネットワークの構築は極めて重要かつ喫緊の課題である（これらの点については、他の箇所で改めて触れる）。また、右に引用した斉藤の記述中の傍点部分は、本章のテーマとの関連で特に重要な点を含んでおり、次節でも若干詳しく論じる。

これまで、中央政府の省・庁が地域情報化構想のもとに、キャップテンやＣＡＴＶなどをメディアとして、全国及び各自治体レベルで展開してきた施策はじつに多彩である。斉藤の同『編著』にはそれらに関する詳しい紹介と分析

がある。[4] 代表的な構想を列記してみよう。郵政省―テレトピア構想、ハイビジョン・シティ構想、テレコムタウン構想。通商産業省―ニューメディア・コミュニティ構想、ハイビジョンコミュニティ構想、メロウ・ソサイエティ構想、情報化未来都市構想。農林水産省―グリーントピア構想。建設省―インテリジェント・シティ整備推進事業。厚生省―WHIS NET（この「ウイズネット」にはデータベースサービス、電子掲示板サービス、電子メールサービスなどをその内容としており、そのサービスシステムには、保険医療関連情報システム、身体障害者関連情報システム、老人福祉関連システム、社会保険―健康保険・年金―業務関連システムなどが含まれる。）文部省―制度的教育現場の情報システムの他に、生涯教育関連の情報システムと図書館関連情報システムがある。生涯教育関連の情報システムは「まなびねっとシステム」と称されている。これらの他に、経済企画庁の生活ニューネット、中小企業庁の中小企業情報センターのデータベース・システム（SMIRS）がある。さらに、自治省の地域情報ネットワーク整備構想（コミュニティ・ネットワーク構想）、地域衛星通信ネットワーク整備構想、ハイビジョン・ミュージアム構想、リーディングプロジェクトとCATV事業、そして、国土庁も「新防災行政無線システム」を構築している。

中央省庁の地域情報化構想は以上のように極めて膨大な内容となっているが、この動きは止まることがない。例えば郵政省だけを取り上げてみても、上記の情報構想・施策以外にも、電気通信メディア整備にたいする支援として、電気通信格差是正事業（これには、地域・生活情報通信基盤高度化事業として情報環流促進センター、自治体ネットワーク、テレワークセンター、新世代地域ケーブルテレビが、さらに、民放テレビジョン放送難視聴解消事業、民放中波ラジオ放送受信障害解消事業、自動車・携帯電話エリア拡充事業、移動体通信鉄塔施設整備事業、都市受信障害解消事業などが含まれる）や、BS基金（衛星放送受信設備設置助成制度）、コミュニティ放送、通信・放送身体障害者利用円滑化事業、情報拠点都市整備構想（サテライトビジネスセンター）等々が着々と展開され稼働している。

以上のごとく、中央政府＝省庁主導の地域情報化政策・構想は文字通り百花繚乱である。情報社会時代に突入した日本全土に、中央政府のイニシアティブによる施策とはいえ、官民一体となって〈情報化〉のインフラを構築してきたこと、そのこと自体に格別の問題はないかに見える。それはこの国のこれまでの政治的・行政的態様の延長線上のパタンに他ならないからだ。しかしながら、上記した情報化政策＝インフラの実現・稼働のために投入された予算は、その殆どが国民の納税に依拠しているのだ。地球規模で進展する情報化に国是として取り組むのは当然であろう。が、その実行・実施を旧来の国家権力の執行機関である縦割り省庁の、官僚機構とその権限体系に依拠させることで可とするのはいかがなものであろうか。全国と各地方＝地域の総体を、従来の行政体系とは異なる重層的な情報体系＝システムとして構想する設計図が作成され、その構想によって「時系的・機能的」な予算投入が図られるべきではなかったか。先に紹介した情報化施策・構想下で現在稼働している各地方のＣＡＴＶの実態をみるならば、メディアとしての活動状況には実に多様かつ深刻な問題が横たわっている。その原因の全てを縦割り行政に求めることは必ずしも妥当ではないが、少なくとも、主要な原因がそこにあると言わなければなるまい。行政的に分割されながらも共通的な生活環境地域に、〈出自〉と〈目的・機能〉を異にするＣＡＴＶ局が存在する。当然ながら、これまでのところ、その放送コミュニケーション活動には共同性や協同性はあまりみられない。各地のＣＡＴＶの機能疎外の一因がここに伏在すると言えるのではなかろうか。各県内のＣＡＴＶ局設置目的・条件の差異は監督＝所轄官庁の指定するところである。

監督＝所轄官庁の官僚機構がもたらす諸悪弊については、これまで各方面から指摘されている。特に、官僚機構に付与されている権限が、対策実現のためというよりも、その権限の〈確認手段〉として自己目的化していることが批判の中心である。この悪弊は官僚機構＝組織のセクショナリズムによって加重される。まことに洋の東西を問わず、官僚制機構が必然的に孕む矛盾のひとつがセクショナリズムである。大石裕は、日本における地域情報化政策の形成・実行過程の研究を通して、このセクショナリズムに関してA・ダウンズの提起した「政策空間」および「領域」という概念を紹介しつつ次のように述べている。

「この概念によれば、《領域》は、(1)官僚機構が政策過程において支配的役割を演じられる《内部領域》、(2)単一の官僚機構が支配的ということがなく、多くのものが若干の影響力を持っている《無人地帯》、(3)他の官僚機構が政策過程を支配する《外部領域》に区分される。官僚機構は、ここで言う《内部領域》の拡大を常に企て、それが省庁間の政策競合・対立に発展するのである。(5)」

CATV局設置を含む各省庁の地域情報化施策・構想が、A・ダウンズのいう「内部領域」拡大志向で互いに「競合・対立」しつつ推進され、それが結果的には、日本各地のCATV局のコミュニケーション活動に反映されているのではあるまいか。とすれば、まことに不幸なことと言わざるを得ないであろう。例えば日本列島の各地の原発所在地には軒並みにCATVが設置されているが、それらのCATVのコミュニケーション活動には特定の〈目的〉が課されていて、他の所轄官庁が監督するCATVのコミュニケーション活動とは異なる期待が求められている。これは大石の指摘と合致する。

この事情をさらに追求した大石は、郵政省の「テレトピア構想」（一一九のモデル地域、一九九二年）や通産省の「ニューメディア・コミュニティ構想」などの地域情報開発政策を分析した結果を図2に示している。

さらに、この研究の中で大石は、R・W・コップとC・D・エルダー(6)、のアジェンダ（agenda）構築モデル論が分

図 2　地域情報化をめぐる政策連関・政策文化

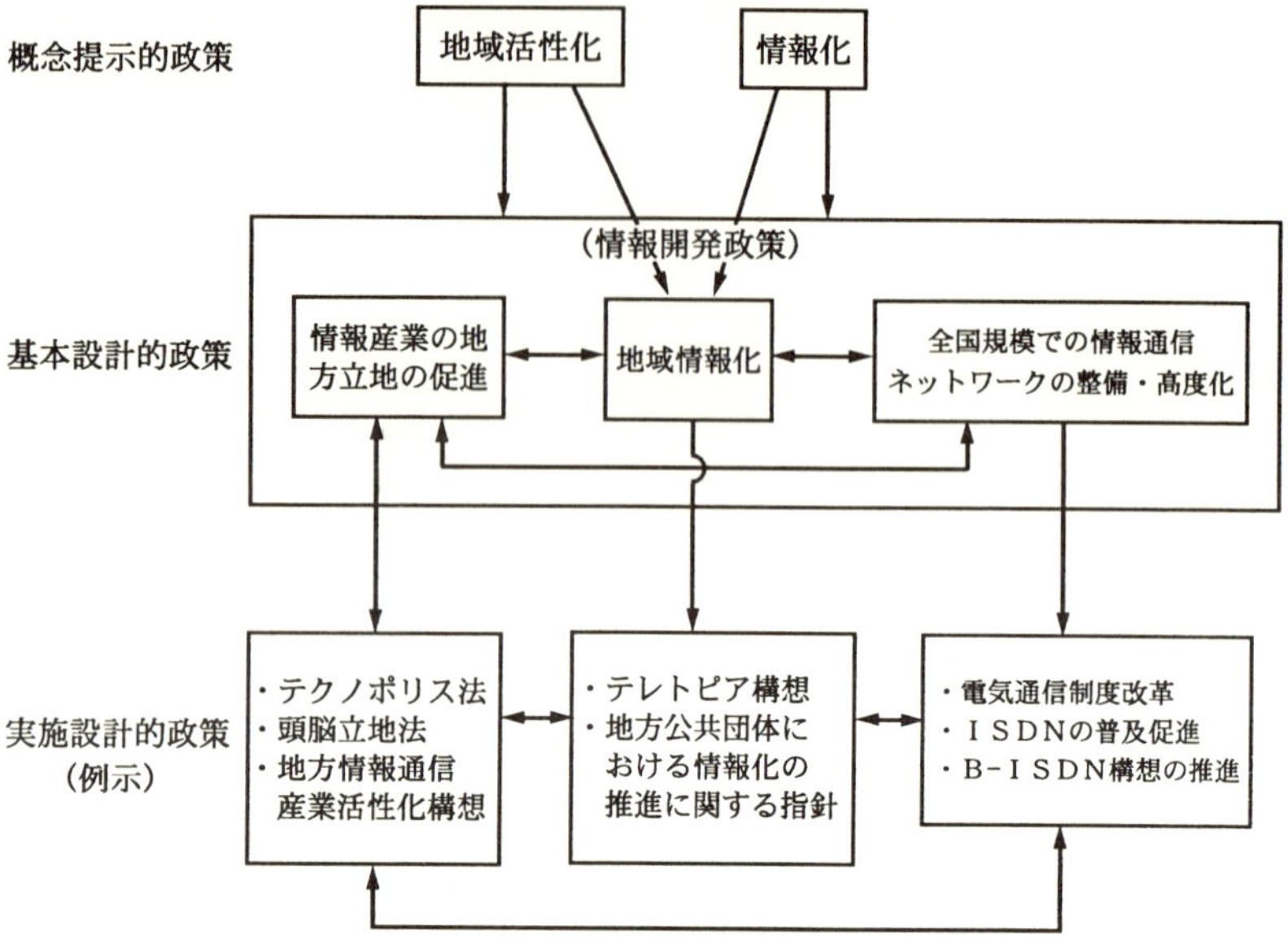

大石裕「政治シンボルとしての地域放送化」『放送文化』44，1994年，81ページより

類する「公衆（public）アジェンダ」と「公式（formal）アジェンダ」の特性を容認しつつ、次のように指摘している。

「このモデルでは、アジェンダ構築を主導する組織に応じて、その過程は次のように分類される。第一は、争点が政府外部の集団・組織によって提起され、それがマス・メディア報道などにより世論が喚起されることにより（公衆アジェンダへの到達）、公式アジェンダに到達するまでの展開を描く「外部主導（outside initiative）モデル」である。第二は、政府内部から争点が提起され、それが結果的に自動的に公式アジェンダの地位を獲得するとともに、公衆アジェンダへと拡大される過程を描く「動員（mobilization）モデル」である。第三は、やはり政府内部から争点が提起されながらも、それが公衆アジェンダとなることを争点の提示集団が望まない、すなわち一般公衆へと争点が拡大されることを望まない争点の展開過程を描く「内部アクセス（inside access）モデル」である。大石によれば、〈地域情報化政策〉は政府内部からの争点提示的アジェンダとしての〈動員モデル〉である。そして彼は、こうした政府内部からアジェンダ化され〈動員モデル〉化されて推進されている〈地域情報化政策〉であるという現実から、CATVは、現状では、情報の生産・流通・消費の全過程を地域生活に即してネットワーク作りをするよりも、〈上〉＝〈中央〉からネーションワイドなネットワークを被せられる状況下に置かれてしまう。したがって、

「大都市中心の全国ネットワークの整備・高度化がより以上に進展し、地域情報化によって構築される地域ネットワークが地域内の情報流通や地域からの情報発信に寄与する可能性は低い」(7)

と悲観的に見ている。大石はまた、他の論文で次のように述べている。

「地域コミュニケーション論は、経済開発志向を強めざるをえない地域情報化論と、経済開発のアンチテーゼとして多くの関心を集めた地域主義論という、たがいに相容れない二つの理念のあいだで揺れ動き、多様化というよりもむしろ混乱状況にあると見なしうるのである。」(8)

さらに、多喜弘次も厳しい判断を示している。

「各省庁の管轄する領域には細部において差異はあろうが、これら幾多の構想を統括する視点ぬきに、情報化が〝実験的〟かつ個別に地域社会を舞台に進展するならば、〝地域住民総モルモット化〟と非難されてもしかたなかろう。(9)」

以上のような重要かつ基本的な問題を抱えながら、CATVは苦難の日々を歩んでいるのである。

三　調査結果からの問題提起

ここで、CATV放送に関して研究者たちの行った各種の調査と、その経験から提起されている知見を見ていこう。少し古い調査も含まれるが参考にはなるだろう。

多喜弘次は、一九八〇年と八一年に実施した調査の知見から次のように述べている。まず、

「一九七二年以降、我が国の大規模な政府主導的CATV実験は、郵政省が主導した東京都の多摩CCIS（一九七六年―、郵政省系の地域情報システム＝引用者）と、通産省主導による奈良県の東生駒 Hi-OVIS（Highly Interactive Optical Visual Infomation System のこと。一九七八年〜、通産省系の地域情報システム＝引用者）の二つに代表されよう。いずれの実験にも通信機器やケーブルメーカーはじめ、マスコミ、銀行などCATV産業に関連深い企業や団体が多く参加している。（略）CCISではファクシミリ新聞やメモコピー・サービス、Hi-OVISでは音声と映像による双方向会話機能がとくに関心をよび、従来描かれていたCATV将来像のほとんどはこれら二つの実験で試みられ、ほぼ完成している。(10)」

という判断枠を基礎にして、CATVのメディアとしての放送現況を調べている。次に紹介する調査対象局のひとつとなった津山放送は、一九八〇年当時、岩手県の有線花巻テレビ、上田市の上田ケーブルビジョン、沼津市のテレビユニオンとならんで自主制作番組に意欲的なCATV局のひとつとして評価されていたものである。

調査は二本実施（一九八〇年）されている。一本は京都市西京区の「洛西ケーブルビジョン（RCV）」について、もう一本は岡山県津山市の「津山放送（TCV）」に関する調査である。多喜の行った調査の結果で特に強調されている部分を以下に紹介しよう。

津山放送の場合知名度が九四・六％でありながら、

「人びとは日頃津山放送をあまり視聴しないが、何か地元で大きなイベントがあるときにはチャンネルを合わす」[11]（傍点は引用者）

程度であるという。もうひとつの洛西ケーブルテレビの場合では、

「洛西ケーブル受け手調査全体を通じて、局への支援的態度は強く、地域情報を扱う番組の評価やそれに対するニーズは比較的高い。しかし、洛西ケーブルの自主放送の目的である、局が中心となった街づくりに成功しているとは言いきれない。地域社会へのより積極的な関与を、多くの人びとは期待しているようである。」[12]（傍点は引用者）

以上、二本の調査の結果分析からそれぞれ一部分だけを紹介したに過ぎないし、両調査とも二〇年以前に行われているので、この引用からCATV放送の現況を説明することは無論出来ない。しかしながら、CATVに対する現在の視聴者の対応にも、通じるところがあるのではなかろうか。特に、傍点の部分は、地域住民が自主制作番組と知りつつ、必ずしもそれを視ないこと、自主制作の放送活動だからといっても、それが直ちに地域社会活性化に繋がるとは言えないことを物語っている。こうした傾向は各地のCATV局制作者にとっては大きな悩みとなっていよう。

多喜はこれらの調査結果を書いている著書の他の箇所ではこうも述べている。すなわち、

「完全双方向でなくとも、地域住民の登場機会を頻繁に設定した通常の自主番組であっても、制作者側の技量と努力しだいで、(略)地域的効用は発揮できるのではないか。」[13]

と。そして、東京大学ニュー・メディア研究会が行った調査(一九八四年)の結果から、

「Hi-OVISによって地元に関する知識は増えたが、生活情報の入手が容易になったかどうかには明確な評価はない。」[14]

という、CATV放送に関する厳しい評価を紹介している。

さらに、CATV関連調査の結果を続けて見ていこう。一九八一〜八八年に、東京大学ニューメディア研究会は、

全国の様々な型のＣＡＴＶ放送に関して計八本の調査を実施している。それらの調査を通じて得られた多様な〈findings〉が報告されているが、ここでは、本章のテーマと関連する事項を取り上げてみる。関連する事項は、この研究会の竹下俊郎の報告内容に登場する。それは「ＣＡＴＶの地域（コミュニティ）意識へのインパクト」である。竹下は調査地点（千葉ＣＴＳ、下田ＳＨＫ、下市ＳＩＣ、東生駒 Hi-OVIS）共通の現象を発見している。地域（コミュニティ）意識と、

「ＣＡＴＶ接触と有意な関連が見られたのは、参加意志の次元である。すなわち、ふだんＣＡＴＶの自主放送によく接触している人ほど、強い参加意志を持つ傾向がある(15)」

というのだ。彼は、ＣＡＴＶ自主放送への接触と地域（コミュニティ）意識との関連に関する一連の調査から、この両者（両変数）の関係が〈因果関係〉ではなく〈相関関係〉であること、その点については確証が得られたとしている。すなわち、

「自主放送をよく見ることによって地域意識が強まる、という解釈と同様に、もともと地域意識の強い人が自主放送をよく見ている、という読み方も当然成り立つ。しかも、従来のマスコミ研究の知見から判断して、後者（地域意識のつよい人は自主放送をよく見る＝引用者）の因果関係が存在することはほぼ確実である。事前の関与度の高さが視聴を誘発することは間違いない。もちろんそうした人の場合、ＣＡＴＶ接触によって地域意識が一層強化されるということはありえよう。(16)」

なお、ここでいう「コミュニティ意識」とは、竹下によれば、地域性を媒介にした一種の共属意識、共通利害意識のことであり、また、そうした意識を基盤とした共同行動の体系を指すものとされている。

竹下のこの指摘は、恐らくCATV関係者ならば常識的に理解・了解することが出来よう。問題とされるのは、彼も追求した〈CATV放送番組視聴→地域（コミュニティ）意識〉のテーゼである。これは、本章が掲げる「CATVのジャーナリズム・メディアとしての可能性」の論点とも密接に関連することがらである。竹下らの調査の知見から、〈地域（コミュニティ）意識→CATV放送番組視聴〉の関係は析出されているが、その逆のベクトルはどうなのか。彼はこう述べている。

「地域意識→CATV接触という関係とともに、条件によっては、CATV接触→地域意識という因果関係も成り立ちうるのではないか、この点の追究がわれわれの調査の重要な課題のひとつであった。しかし、これまで実施してきたような横断的調査だけでは、この問題を完全には解明できないことは明らかである。[17]」

として、この種の調査の限界を告白している。しかしながら、竹下はこれまで積み重ねてきた多くの調査知見を総合的に検討しつつ、こうも述べているのだ。

「CATVの地域向け自主制作放送（略）は、従来のマスメディアでは欠落していた地域ジャーナリズムを提供することで、住民の地域意識の醸成に寄与しうる可能性が大きい。地域密着型メディアであるCATVを、地域生活の質を向上させるために積極的に活用しようとする立場に立つならば、自主制作放送が持つこうした可能性は、今後とも積極的に追求されるべきだ……」[18]と。

もう一本だけ関連調査の知見を紹介しておこう。音好宏は一九九八年に、(社)日本農村情報システム協会を通じ、全国有線テレビ協議会加盟の農村型ケーブルテレビ事業者を対象にした「MPIS運営実態調査」を行っている。[19]

日本各地で稼働しているMPIS(農林水産省主導のCATVシステム)は、現在、自主制作番組で、自治体や農協などが提供する各種の情報番組や地元のニュース番組、さらに定例議会中継や学校行事など地元の催事に関する中継番組、地域の紹介や教養番組などの企画番組を放送している、というのが一般的な状況である。MPISが具備している機能の中で実際に導入率の高い多目的サービスは、音好宏の調査結果では、①音声告知情報、②農業気象観測システム、③屋外拡音放送、などであった。MPISが双方向コミュニケーションの機能を有し、多チャンネル放送が可能なCATVメディアであるにもかかわらず、現時点ではその機能を十全に発揮するには至っていない。先にも触れたが、その事情を音は、「恒常的な人手不足」、CATV局での「労働環境の悪化」、「人材育成の不備」などに起因すると指摘している。これは大多数のMPISに共通する事情である。

MPISの全国調査の結果から、音好宏が摘出したこのCATVシステムの課題は次の通りである。現在、農村型ケーブルテレビ事業者が今後直面する問題として第一に挙げるのがデジタル化問題である。今回の調査において、MPISとして「今後行いたい多目的サービス」としては、①在宅医療システム(五四%)、②インターネット接続(四九%)、③CATV電話サービス(三〇%)、を挙げている。これらのサービスを実現するためには、ケーブル回線の光ファイバー化など、システムのデジタル化が不可欠となる、とされている。ここに挙げられた①在宅医療システムは二〇〇〇年四月にスタートした「介護保険制度」と深い関連があり、全国のCATV放送局が避けて通れない取材・放送分野であることを強調しておきたい。②インターネット接続については、既に都市型CATVにおいて実現計画が進んでいる。これは他の型のCATVにおいても技術的には可能であろう。問題は、③CATV電話サービスとともに光ファイバー化やデジタル化を含むCATV局の経営・財政的次元に大きく関連することがらであり、これまでの政府主導の地域情報化政策・構想が継続されていく限り、極めて前途多難と言わなければなるまい。③CATV電話サービスは、後に触れる高性能化した「携帯電話」のインターネット接続の普及過程を背景にして、その要求は一層増進するであろう。この「携帯電話」と情報システムの全国ネットワークをISDN（Integrated Services Digital Network）に統合し、衛星放送、文字多重放送、高品位TV放送などの放送系ニューメディアと接続させることはもはや時間の問題となっている。

以上、CATVに関連する調査結果を見てきたが、それらの調査の〈findings〉の内容からは、CATVの現状について楽観的な結論を見出すことは困難である、と言わなければならない。

第四節　CATV―ひとつの実験

一　メディアの障壁と可能性

例えば、「選挙（投票）を論争すると人間関係がまずくなる」という風潮があるこの国のコミュニケーション文化の中で、顔見知りの多い地域社会内の政治家（議員）の行状の批判や評価などは、殆ど禁句に類する行為だ。では、内心に潜む批判や評価の意識はどうやって昇華させればよいのか。ジャーナリズムの創意・工夫が試され、活気づく機会がそのような場合に訪れるのではないか。CATVに大いなる期待が寄せられる瞬間である。

さて、一九八〇年代から注目を集めたニューメディアの中でも、地域メディアとしてのCATVにかけられた期待はかなり大きかった。メディアとしての操業開始以来、その時間的長さもさることながら、先に見たように、中央政府の諸官庁による総花的な構想とそれを推進するために投入された予算の額からも、このメディアが以後目覚ましく活躍すると予想されたのである。しかしながら、CATV放送に関連する諸調査の知見による限り、その予想は裏切られているように見える。地域住民の情報行動は、CATVよりも依然として既存のマスメディアに依存する傾向が著しいのだ。CATV自主放送（中でもコミュニティ・チャンネル）の視聴状況は、NHKや民放の地上波テレビのそれと比較すればかなり低調である。その原因・理由は何か。第一に上げられるのはCATV放送におけるソフト（放送番組の内容）の質・量的な貧弱さである。CATVが流す放送内容にはスペースケーブルネットをはじめ東京キー局制作・放送の番組があるが、CATV自主制作番組はそれらの番組に対抗しきれていない。CATVによって流される番組の中からは、全国的報道や娯楽放送が優先的に選択視聴されてしまうのだ。これはメディアとしてのCATVにとっての障壁と言うべきではないか。

第二に上げられるのは、東京圏を中心にして生産・発信される情報が、各地のCATVを中継網として、圧倒的な質・量で地方を覆っている現実である。これは、政治・経済・文化の諸領域に亘って優勢な支配力を持つ〈中央文化〉に対抗する力が地方＝地域にないことと相関する。いわゆる〈ワンソース・マルチアウトレット〉が放送システムにおいても再現されているわけだ。先に指摘したように、全国規模のマスメディアによるジャーナリズムは、〈客観報道〉を護符とする〈発表ジャーナリズム〉に傾斜し、文脈不明晰な〈情報〉の散布活動に終始し、〈agenda setting〉の努力は弱化している。〈客観報道〉のタテマエを楯としつつ、判断基準と指針は〈audience〉の〈才覚〉にゆだねるという姿勢である。不幸なことに、このようなジャーナリズムに地方＝地域のメディアは依存しがちなのだ。全国的規模のマスメディアに対抗する中間的コミュニケーション・メディアとしてのCATVが、取材・編集陣と施設・設備・機材等のハンディキャップにより、ますます劣勢化する背景がここにある。この社会的コミュニケーション状況の歴史の中で、地方＝地域住民の中央志向的意識は強化され、地元制作番組よりも中央制作番組に目が向き易くなってしまう。CATVにとっての大きな〈障壁〉がここにも立ちはだかる。

こうした現状を、大石裕は、

「首都・東京は文化のみならず政治・経済の中心地として君臨することで、中央志向という価値意識を常に再生産してきたととらえられよう。産業化や都市化は、まさに情報の中央集権化と表裏一体となって同時進行してきた……。[20]」

と判断する。

中央志向的な価値意識は日本では近代＝明治時代以降に顕著である、としばしば指摘されてきたが、もとを辿れば、古くは奈良・平安の律令制度時代にも類似の志向性はあったのだ。けれども、一九八〇年代以降、「地方の時代」が叫ばれる中で地域メディアには大きな期待がかけられ、〈国際化〉〈情報化〉の気流はこの動きに間接的にもせよ拍車となった。六〇年代後半から七〇年代にかけての「革新自治体」の出現を契機に、「地方から中央へ」という地域主義論の波動は、紆余曲折を経ながら現在に至っている。社会学では「参加型コミュニティ」の理論と計画が構想され、それは多くの地方自治体の施策にも相当の影響を与えるものであった。中央政府はその動きを先取りし、各省庁はCATVを含む地域情報化の政策（第三節に列記したような）に多額の予算を投入し、〈補助行政〉のテンポを加速したのである。地域的・狭域的ローカルメディアはCATVに限られるわけでなく、既存のローカル＝コミュニティ放送、自治体の広報メディア、地域紙誌、さらにはオフトーク通信、パソコン通信ネットワークなども登場した。が、普及範囲・速度・情報容量・交信性などの点で全国メディアの影響力は依然として優位なのだ。

右で触れた「参加型コミュニティ」の構築・実現にとって不可欠なのが情報・コミュニケーション装置であることは言うまでもないであろう。すなわち、地域住民にとって利用（発信・受信）可能なメディアの装備、およびそれを操作する能力の獲得もますます必要とされる。CATVはまさにそのためのメディア＝装置である。これが何故不可欠のメディア＝装置であるか。この点について、藤竹暁[21]は、現代社会に生きる地域住民は、空間的・時間的に遠隔な地域で生じた社会問題に対する関心度が低下してしまい、その結果、遠隔地で生じた社会問題と同種の問題が自らが属する地域社会で生じていても、コミュニティという「翻訳機構」が欠如しているため、それを発見し認識するのが次第に困難になっていると言う。彼の指摘に従えば、CATVは地域社会にとって格好な「翻訳機構」「情報媒介機構」、それもかなり効果的な情報装置として機能することが可能であることに気づく（表1参照）。

二　ひとつの実験（四元生中継放送）

一九九九年九月八日、松江市のCATV局をキー局にして実施された〈四元生中継放送〉の翌日、「朝日新聞」はその模様を次の見出しで大々的に報道した。

表1　情報装置と市民生活のレベル

市民生活のレベル／情報装置	コミュニティ・レベル	自治体・都市レベル	大都市レベル	全　国レベル	コミュニケーションの形態
個体情報装置	○				スキンシップ，会話，井戸端会議
媒介情報装置	○	○			電信，電話，郵便，回覧板
複製情報装置	○	○			チラシ，ミニコミ，ポスター，看板，CATV，有線放送，DM，自治体広報
地方マスコミ情報装置		○	○		地方紙，地方放送局，自治体広報，雑誌
全国マスコミ情報装置			○	○	全国紙，放送の全国ネットワーク，週刊誌，雑誌

藤竹暁「情報装置と市民生活」『現代都市政策Ⅷ　都市の装置』岩波書店，1973年，314ページより

「情報発信も《地方の時代》
全国自治体へ一時間半中継　四知事テレビ討論」

その記事内容を次に紹介しよう。

「島根、大分、高知、岐阜県の四知事が、通信衛星を使ってテレビ会議形式で討論する衛星フォーラムが八日、松江市をメーン会場に開かれた。大分ケーブルテレビ放送などＣＡＴＶ会社四社と、郵政省中国電気通信監理局などでつくる実行委員会が《地方からの情報発信方法を探ろう》と主催した。一時間半のテレビ会議は、全国約二千の自治体やケーブルテレビ約百局に生中継された。

《二十一世紀の地域づくりと情報化》と題した討論会は午後三時半から始まり、澄田信義島根県知事、平松守彦大分県知事、梶原拓岐阜県知事、橋本大二郎高知県知事がそれぞれの知事室などから参加した。

橋本知事は《物流では、インフラ整備をすすめても地

方は距離というハンディを背負うが、「情報」は地方が都市と太刀打ちできる産業》と、ほかの三知事に呼びかけた。平松知事は《県庁の職員がインターネットのアドレスを持って、電子メールで県民とやりとりできる「電子県庁」を目指している》と大分県の構想を紹介。澄田知事は《銅鐸（どうたく）や銅剣など出雲の埋蔵文化財を映像にして発信したい》と述べた。

　今回の討論を企画したＣＡＴＶ会社の一つ「サテライトコミュニケーションズ西日本」（本社・鳥取県米子市）の高橋孝幸社長は《ケーブルネットワークをつくれば、山陰も情報発信の拠点になることが証明できた》と話していた。」（傍点は引用者）

この「四知事テレビ討論会」の模様については、九月九日に地元の「中国新聞」も、

「　地方発　衛星経由　ＣＡＴＶ着
　島根など四県知事テレビ討論　」

の見出しで報道した。

「朝日」の少し長い記事を右に引用したのは、この章のテーマと関連するところがあるためだ。この「四知事テレビ討論会」が行われた当日、筆者は高橋孝幸社長とともに中央大学ＣＡＴＶ調査団の一員として、松江市の特設オープン・スタジオで四知事の姿が映るモニターの前に座り生放送の進行を見守った。地方のＣＡＴＶ局が企画したこの放送の実施は、〈ケーブルＴＶの放送の将来〉に関する様々な可能性を示唆する画期的な出来事であったと言えよう。

そのひとつが高橋孝幸社長の「ケーブルネットワークをつくれば、山陰も情報発信の拠点になることが証明できた」

という談話に含まれる幾つかの特徴である。〈ケーブルネットワークの形成〉はそのひとつであり、そのネットワークが衛星を使用してなされたというのが、もうひとつの特徴である。そして、地方からの発信というのは第三の特徴として強調しておくべきであろう。地域あるいは〈地方〉からの発信ということは、後に触れるが、実は決して珍しい事柄ではない。衛星を使った生中継放送は、日本のテレビ視聴者にとってはお馴染みのテレビ体験である、と言ってしまえばそれまでのことである。現在の放送のテクノロジーはそれほどに発達しているのである。世界中の国・地域の市民が情報を共有し議論することで問題解決のため新たな道と方法を見出すという、ネット空間に対応した〈新しいジャーナリズムの構想〉も提起されている時代なのだ……。

しかしながら、貧弱な設備・装置しか持たない現在のCATV局がそのようなことを実現したとなれば、話は別である。九九年九月八日の「四知事テレビ討論会」の全国中継は、地方のCATV局が協同して実現したことに意義がある。各地のCATV局員が夢想したかもしれない放送の実現。現在の地上波テレビ放送とほぼ同じレベルのテクノロジーを駆使して……。技術的〈可能性〉を実際の放送活動に〈現実化〉したわけである。しかも、四県＝自治体の知事が活気ある対話を実演して見せた。CATVが地域連合的メディアとしても機能し得ることを証明した点で、この放送はモデルケースとしての価値を持っている。そうした意味で、この〈四元生中継放送〉は、CATVが地域情報メディア、さらには地域ジャーナリズムのメディアとしての可能性と将来性を示唆していた。CATV四局の協同制作による「四元生中継放送」は、地域〈agenda〉表出の効果を顕現している点で、ジャーナリズム活動の一形態として理解・評価されるであろう。この日の放送を実現したCATV四局の貴重な体験は、各地のCATV局員に大きな影響を与えたはずだ。

地域や地方からの発信内容が〈significant〉なものである場合は、その内容が全国さらには世界的な次元で

〈agenda〉となったり〈issue〉となるのも昨今では珍しいことではない。エネルギーの供給方法を原発以外に求めることは出来ないものか。石化物の利用によるCO_2の排出はこれ以上増やしたくない、という観点に立ちながら、地球温暖化を防止する利点も兼ねて案出されたのが、太陽光や風力による発電である。この方法は現在、各国で試みられ、実用化の段階に入っている。ドイツのデュッセルドルフやアーヘンの試みは、世界各国から注目されている。スウェーデンの「バイオガス車」は地球温暖化策の点でも注目を集めている。日本では、滋賀県・愛東町の「菜の花エコ・プロジェクト」や同・野洲町の太陽光発電設備に対する自治体の補助金政策が脚光を浴びようとしている。自然エネルギー確保に補助金提供などの優遇措置をとっている自治体は、日本全国では三〇以上に達しているし、検討中の自治体は一〇〇を超している。地方（自治体）の多様な実験や動きが、最近では国の政策に影響を与えるようになってきた。これは日本だけでなく世界的な趨勢である。地域や地方自治体の動向が世界へメッセージとなって伝播していく時代である。メッセージは様々なメディアを介して伝達される。伝達メディアはグローバルに張りめぐらされているのだ。世界各国のCATVが、情報システムとして力量を発揮していることに注目したい。

三　メディア活性化の条件（地域ジャーナリズム・メディアを目指して）

CATV局の〈自主制作活動〉の活性化はいかにすれば可能か。その経営基盤の強化策はないものか？　CATVの自主放送の営利的な成立条件を追求するとすれば、克服しなければならない幾つかの前提がある。先の多喜浩次の判断によれば、

「一定の番組制作能力と放送技術水準に達していると同時に、対象区域と加入率の大きさ、地元商業の規模や

商圏、対象区域に普及する地域生活情報媒体（とくに印刷媒体）の量質などの諸条件が絡み合ってくる。これらの条件を満たさない限り、番組・広告・広報のいずれにせよ、CATV自主放送は地域生活情報媒体として十分には機能しにくい……」[22]

とされる。

しかしながら、多喜のいう「条件」が充足するまで〈百年河清〉的に待つことは、多くのCATV局にとっては望み得ないことであろう。メディアのジャーナリズム活動にとって不可欠なのは、事件・事態・現象に対する時事（現実）性や普遍性を見透かす眼力と取材活動、そして表現様式（スタイル）における迫真性ではなかろうか。したがって、CATVの放送全体の活性化のためには、それがメディア・コミュニケーション活動であることから、(イ)放送素材の確保、つまり多種・大量な情報の収集（input）と貯蔵（stock）のシステムを持たなければならない。それにはまず取材活動を強化し情報の〈貯蔵庫〉を構築しなければならない。しかし、先に指摘したとおり、そのためのスタッフや器機や資本が現段階では絶対的に不足している。では、どうすればよいのか。また、(ロ)送出する番組の編集過程を運行するヒト・モノ・カネも不十分である。さらに、(ハ)番組の企画・制作においても事情は全く同じである。つまり、CATV局はその開設時点以来、これらの条件は殆ど改善されてはいないのだ。しかしながら、CATVの外部環境はかなり変化してきた。一〇年前、二〇年前と比較してみるならば、テクノロジーと社会状況全般における変化には刮目すべきものがある。その中に活路が見えている。

例えば、(イ)の情報の〈input〉過程。この過程こそ最も大きな要因であろう。情報公開制度の実現には目を向けなければならない。今後、情報公開制度の対象領域が拡大していくことは間違いない。地方議会や自治体を含め多くの公共機関ばかりでなく、企業や地域の諸団体のホームページには、地域住民が必要とする情報が提示されるであろう。これは放送素材のリソースとして期待していい。自治体・公共機関・企業組織のホームページ↑↓CATV↑↓家庭の端末というシステムを活用する道である。また、地域には県紙をはじめ様々な活字メディア（地域誌、タウン誌、など）がある。それらの紙誌面上の事件、ニュースや企画記事、評論・エッセイ、暮らしや趣味の報告などの地元情報がある。それらの記事の情報源は全て、地域社会とそこに生きる人びとであり、その生活環境である。ときには地域住民から（実名、匿名）の情報提供、投書もあろう。パソコンや「iモード」（後述）を利用した発信↑↓着信のストック。大きくは（間もなく実現する）インターネット経由の国際・国内情報。CATV局の取材（input）過程に関連させて、近時の情報環境に眼を向けてみたい。インターネットのメーリングリスト加入者のホームページには、数一〇万台単位のパソコン間で流通し貯蔵されている膨大な量の情報がある。このメーリングリストにCATV単局で、ネットワーク単位で、あるいは記者個人で加入しさえすれば、それはCATVにとっての情報源となる。そこを流通する情報はCATV局の放送素材として活用出来るものが多いはずだ。数万もしくは数一〇万のパソコンのホームページに接続されるであろうし、手続き次第では全世界の国々（の人々）にも繋がる可能性がある。そのネットワークによって、意見、ニュース、アイディア、文字、映像、音響が流通するとしたら、そこには人間と社会と文化に亘る大きなコミュニケーションの〈夢〉が生まれてくるのではないか。

CATVネットワーク（規模の大小を問わずその結成は緊急を要する）系列傘下の局の企画番組や各地域のニュース・情報。資本とスタッフ数の両面で脆弱なCATV単局では十分な取材・制作活動は困難である。そのため、複数のCATV局が連携して協力するネットワーク・システムを作ることが、現状では最も重要な課題である。二〇―三〇のCATV局がネットワークで連合して衛星のチャンネルを共同利用するようになれば、それは現状よりも遙かに広域の放送活動を実行出来る、強力な地域情報発信のための〈核〉となるであろう。それは現在でも可能なCATVの全国中継システムを、一層活性化する放送の〈核〉（地域放送局ブロック）として機能するはずだ。このブロック（ネットワーク）が他地区のブロック（ネットワーク）とインターネット化することも可能であろう。地方のCATV局が制作した〈すぐれた番組〉〈話題の番組〉が「全国放送」されることを視聴者は望んでいるのである。そのためには、超えられねばならない障壁は少なくないにせよ、CATVが地域ジャーナリズムのメディアとして生き続け、活動していくためには、この課題を避けて通ることは出来ないだろう。先出の高橋孝之社長は、二〇〇〇年四月に米子市でSCN（Satelite Communications Network）社をスタートさせた。これは通信衛星を利用し、全国のCATV局をネットワーク化し映像流通を事業とする、野心的かつ先駆的な活動であり、その将来性に期待したい。

CATV単局あるいは数局で共同制作する（先に紹介した四元生中継放送「四知事テレビ討論会」形式のような）ネットワーク座談会、討論会、シンポジューム、など。全国メディアの情報スクラップ。（CATVネットワークと契約した）通信社の情報・データ。そして、地域のイベントや問題・事件の独自な取材（ドキュメント化）。隣接するCATV局相互の間では、同一もしくは共通的なテーマでシリーズ番組を分担制作する試みも実行されている。例えば、二〇〇〇年一〇月には、浜松・静岡・豊橋・西清のCATV四局で「東海道シリーズ」を制作し、互いにVTRを交換（ネットワーク化）し放送する計画が確定している。民放地上波と異なり、取材・放送エリアがダブらないので、VTR交流＝ネットワーク（の一種）は効果を発揮するであろう。一方、地域住民のデジカメ・ビデオテープや〈持ち込み企画〉の番組化も可能である。そして、CATV局独自の企画報道特集番組の制作・放送等々にも積極的に挑戦することが求められる。

これらの他に、外部からCATV局へのビデオテープの持ち込みもあろう。これは〈public access〉化の一環であり、地域住民＝ＣＡＴＶ視聴者に〈参加〉の道を開くものである。ＮＨＫ名古屋の市川克美は雑誌『世界』（一九九九年五月号）に次のように書いている。

「ＮＨＫ名古屋でも新しい動きはあります。地域情報番組などでも、ＣＡＴＶや市民団体などが制作したビデオを積極的に番組の中に活用しています。これが、ただちに放送のパブリック・アクセスに繋がるとは思いませんが、こうした、パブリック・コミュニケーションの段階から、市民一人ひとりが撮影した素材や番組を活用するシビック・ジャーナリズムに育っていく可能性もあると思います。（略）そう遠くない将来、番組プロデューサーは朝起きるとパソコンに電源を入れて、自分の持ち番組のホームページに寄せられている視聴者からの反応を見ることから一日を始めることになるでしょう。（略）ときおり、この中学生（「中学生日記」―ＮＨＫ名古屋制作番組＝引用者）を「サラリーマン」とか「主婦」、「老人」、「村の青年」とかに置き換えたらどんな番組が出来るのか夢想しています。」

と。こうした構図はＮＨＫという既存の全国放送網の番組制作者に限定される〈夢〉でないことは、ＣＡＴＶ局で自主制作を続けてきたスタッフたちには先刻承知の話である。

上記、(イ)の情報の〈input〉過程における事情は、(ロ)番組の編集過程や、(ハ)番組の企画・制作過程にも関連してくるところが多い。制作された放送内容（ニュース、企画番組、地域社会の重要問題、地元自慢の話題等々）を、まさに〈地域から発信〉し、全国的な関心事や〈agenda〉としてアピールする道がある。それは、既存の全国メディアには見られない〈緻密な地域情報〉の取材に基づくジャーナリズムのメディアとして、ＣＡＴＶを意義づけることになる。

ここで最近のもうひとつの通信機器使用状況にも眼を向けてみたい。ＣＡＴＶ局の取材活動つまり情報の〈input〉過程に関する寄与要因として、通信機器業界の中で目覚ましく躍進している日本製「携帯電話」の社会的利用の急増傾向を挙げておきたい。安価（通信機能の使用価値からみて）かつ簡便性の点で、その社会的普及には各方面から強い期待がかけられている。「朝日新聞」（二〇〇〇年二月一三日）も、「ｉモードがニフティ抜く」という見出しで次のように報じている。

「携帯電話でインターネットに接続するサービスが人気を集めている。（略）ｉモードは昨年（一九九九年＝引用者）二月にサービスを開始。（略）パソコンにつながず携帯だけで銀行振込や電子メールが利用できる（略）。（略）日本のインターネット世帯普及率は一一％で米国の三分の一程度。しかし、携帯でのネット接続は利用者数、伸び率ともに米国やその他の国をリード。五千万近い携帯電話加入者（ＰＨＳ除く）の約九％が利用している計算になる。」（傍点は引用者）

「携帯電話」はここ二〜三年間に大都市を同心円の中心にして全国的に急速に普及した。特に、若者やサラリーマンなどでは実用性に加えアクセサリー的な必需品とさえなっている。普及率が五、〇〇〇万ということはテレビ受像機のそれと比較してみても驚くべき台数である。二〇〇〇年三月には、固定電話と携帯電話の加入数は逆転した。各メディアが伝えているように、二〇〇〇年四月からは全国三二二九の市町村すべてで携帯電話のＮＴＴドコモの使用が可能となった。ドコモの「全国制覇」である。

この「携帯電話」を端末とする取材網を構築することが可能になれば、CATV局の情報収集能力は数段強化されるであろう。「携帯電話」は今後ますますマルチメディア化するであろうから、このメディア・システムを利用するのもひとつの方法である。今後、CATV局の存在する地域ではこのメディアをインターネット・システムで接続する方向に進むことは十分に予想される。一九九九年に日本のインターネット人口は一、七〇〇万人を超えた。一方、「携帯電話」は従来の「電話」のイメージを一新してきた。それは単なる〈通話機〉ではなく、マルチメディア的〈モバイル端末〉である。そして〈モバイル端末⇅インターネット〉が実現したということは、家庭およびモバイル端末⇅CATV⇅インターネットというシステムが実現したことを示す。そこでは、CATVのマルチメディア化の局面が同時に現実のものとなり、双方向コミュニケーション・メディアとしての開花の瞬間が近づいている。他方、阪神・淡路大震災時に顕著な通信機能をみせたパソコン通信ネットワークにも注目したい。継続的な世代交代の過程でパソコン通信の熟達者も確実に増加するであろう。ここにも、CATVシステムと結合可能な情報〈input〉の機会が待機しているのだ。

第五節　CATVジャーナリストの抱負

以上の記述を通して、CATVの放送システムにジャーナリズム＝コミュニケーションのメディア機能を探求する考察を進めてきたが、メディア・テクノロジーの発達・発展を強調し過ぎたきらいがあったかもしれない。高度に発達した情報メディアと結合したCATVが、多機能を発揮し得るマルチメディアとなっていくとしても、それだけでメディアとしての将来を全面的に楽観視することはむろん出来ないだろう。メディア・システムの、テクノロジー次元の、発展・発達に手放しで喝采するのは早計である。メディア・テクノロジーの高度化にのみ関心を集中し、コミュニケーションやジャーナリズムの意義を置き去りにすることがあってはならないからだ。無限の可能性を秘めたメディアを、今こそ人間と社会にとってのコミュニケーションおよびジャーナリズムの道具として、活用しなければならないのである。

昨今、メディア界やメディア研究界では技術中心のメディア論が盛んである。しかし、ひたすら技術論議に埋没することは間違いであろう。香取淳子は、その点を次のように〈警告〉する。

「情報技術が国家システムや産業システムの基盤に組み込まれようとしている現実を見渡したとき、（略）圧倒的に多いのが技術中心のメディア論である。インターネットであれ、デジタル放送であれ、メディアをめぐるおおかたの論議は技術論議に終始しがちだ。というのも、新しいメディアは新しい技術をともない、夢と約束をかきたてながら登場してくるからだが、その結果、新しい技術によってユートピアが生み出されるのだと錯覚してしまう向きも多い。(23)」

と。これはメディア界ばかりでなく、メディア研究者たちにとっても、看過してはならない観点である。テクノロジー崇拝に堕するのではなく、それを実際のジャーナリズム活動に活かすこと、それをメディア人の〈夢〉としなければならないのだ。そうした思いを込め、この章を終わるにあたり、ひとりのCATV＝メディア人の言葉をここで記しておこう。現在、地域ジャーナリズムの情報メディアとしてのCATV、そのコミュニケーション活動の可能性を懸命に追求している人物による報告である。彼の名は、長野県・須高ケーブルテレビ勤務の丸山泰照。丸山が書いたエッセー風の短文を抜粋して以下に紹介する。

「ケーブルテレビ業界は、来るべきデジタル化放送に向け、現在、試行錯誤を繰り返しています。一社で数億とも数十億ともいわれている設備投資をどうするのか。また、技術面での人材確保はどう図っていくのか。足元を揺らしかねない大きな変革期の中、ともすれば、ケーブルテレビの根本的な部分を見失い、コミュニティ放送局としての使命より、通信事業社としての役割を重視していく風潮が強くなってきています。（略）。

様々な情報が錯綜する中、私たちも地域のメディアとして、CATVのできることは何なのかを考えました。（略）。長年、実力を蓄えながらも、時間的な制約から企画報道番組の制作にあたれなかった、現場スタッフの中からも、新番組の開始を強く求める声が上がりました。（略）対立関係にある事象では、必ず双方の主張・意見を取材するなど、公平・中立な報道と地元であるがゆえにプライバシーには十分配慮して報道をこころがけました。（略）第三セクターとして、多少とはいえ地元行政の出資をうけている私達にとって、最も近い存在の権力機関である行政の批判や問題点の提起は、ある意味でタブーに近いものでした。

（略）地域限定のメディアだからこそできる問題提起や事象の掘り下げが求められています。いわゆるマスコミではできなくても、ケーブルテレビではできる報道・企画番組が必ずあるはずです。[24]」（傍点は引用者）

この節の冒頭に記した〈地域社会内の禁句〉的なるものに対して、「最も近い存在の権力機関である行政の批判や問題点の提起はある意味でタブーに近いもので」あることを先刻承知の上で、「地元であるがゆえにプライバシーには十分配慮して報道」する苦労は、既存の地上波メディアのスタッフには殆ど見られないレベルの〈消耗〉を強いるものであろう。しかし、「地域限定のメディアだからこそできる問題提起や事象の掘り下げ」を試み、「いわゆるマスコミではできなくても、ケーブルテレビではできる報道・企画番組が必ずあるはず」だという信念と誇りをバネとした強靭なジャーナリズム精神が、そこには貫徹されている。CATVの「ジャーナリズム・メディアとしての可能性」を考察するため、この章の各所で指摘したメディアとしてのCATV局の現状の長所と短所、ならびにその実状の確認と展望が、的確に表明されているエッセーである、と言っていいのではないか。

さて最後になるが、この章の課題はCATVの「ジャーナリズム・メディアとしての可能性」を考察することであった。しかし、その「可能性」には大きな期待をかけつつも、それを克明に記述するためには、全国のCATVの放送活動に関する網羅的な資料と現在進行中の状況の徹底的な分析が必要である。残念ながら、その両面が不十分なため当面の作業は未完了であり、それは次のステップに委ねるしかない。したがって、この章全体の記述内容はそのステップに向けた中間的レポートに止まることを特記しておかなければならない。

(1) H. D. Lasswell, The Structure and Function of Communications in Society, in W. Schramm (ed.), *Mass Communications*, 1949. 学習院社会学研究室（訳）『新版・マス・コミュニケーション』東京創元新社、一九六八年。

なお、この「環境の監視」と関係深いコメントが最近見られた。田中秀征（元経済企画庁長官）は、さるパネルディスカッションの席上で「唯一、実質的にチェック機能を果たしてきたのがメディアです。……時々は真剣になってチェック機能を果たします。特に世論を結集して人を辞めさせるのはうまい……。政治の側も行政の側も企業の側も、みんなマスコミを恐がるのです……これは日本の制度に欠けている監視機能を代行してきた……」と強調している（「政治とメディア」『放送レポート』一六五、二〇〇〇年五月、七ページ）。かつてジャーナリストのことを〈権力の監視役＝番犬〈watchdog〉〉と称していたことがあるが、田中のコメントにはその〈期待〉がこめられている。

（2）本澤二郎「政治とマスコミ」『マスコミ市民』三七一、一九九九年。
（3）斉藤吉男編『地域社会情報のシステム化』御茶の水書房、一九九九年、一二一―一三ページ。
（4）斉藤吉男編、同『編著』、一二一―六九ページ。
（5）大石裕『地域情報化』世界思想社、一九九八年、七五ページ。
（6）R. W. Cobb and C. D. Elder, *Participation in American Politics* : The Dynamics of Agenda Building, John Hopkins Univ. Press, 1972.
（7）大石裕『同書』、八七ページ。
（8）大石裕「地域コミュニケーションをめぐる理念と政策」竹内郁郎・田村紀雄（編）『地域メディア』日本評論社、一九八九年、八七ページ。
（9）多喜弘次「地域情報化の陥穽」竹内・田村『同編書』、一〇一ページ。
（10）多喜弘次『テクノロジーの幻惑』北樹出版、一九九八年、一二五ページ。
（11）多喜弘次『同書』、一三九ページ。
（12）多喜弘次『同書』、一四五ページ。
（13）多喜弘次『同書』、一九三ページ
（14）多喜弘次『同書』、一九三ページ。
（15）竹下俊郎「ニューメディアと地域生活」竹内郁郎・児島和人・川本勝（編）『ニューメディアと社会生活』東京大学出版会、一九九〇年、二四ページ。
（16）竹下俊郎『同書』、三五ページ。
（17）竹下俊郎『同書』、三五―三六ページ。
（18）竹下俊郎『同書』、三七―三八ページ。
（19）音好宏「多チャンネル化による放送ビジネスの変容（2）上智大学コミュニケーション学会『コミュニケーション研

究』第二九号、一九九九年。

(20) 大石裕『地域情報化』世界思想社、一九九八年、二一六ページ。

(21) 藤竹暁「情報装置と市民生活」『現代都市政策Ⅷ　都市の装置』岩波書店、一九七三年。

(22) 多喜弘次『同書』、一四七ページ。

(23) 香取淳子「デジタル放送の世紀」『放送レポート』一六〇、一九九九年九月、六六ページ。

(24) 丸山泰照「ジャーナリズムとしてのＣＡＴＶ」『総合ジャーナリズム研究』No.一七二、二〇〇〇年春。

第三章　事例研究

炭谷晃男

はじめに

本章では、三カ年にわたる中央大学社会科学研究所の研究プロジェクト助成により、全国の先進的な試みを行っているCATVの調査研究をおこなった。その研究主題は、「CATVの広域ネットワーク化」の実態を明らかにすることであった。そのなかでも、(1)大分県での事例、(2)鳥取県での事例、(3)石川県での事例、(4)秋田県での事例をとりあげ、本章でその実態について考察をする。

第一節　大分県における地域情報化とCATVネットワーク化構想

一　CATVが地域に果たす役割の転換

CATVの三つの特徴として、①地域密着性、②多チャンネル性、③双方向性が指摘される。無論この三者は独立したものではなく、多チャンネルであるがゆえに地域に密着したコミュニティ放送も可能であり、双方向性機能を持つがゆえに地域密着になり得るという相関関係にある。しかし、CATVの歴史的経緯をみると、はじめは①地域密

第1表　CATVの役割

時系列	加入者から見た役割	設置主体・事業主体等から見た役割
過去	○自然的地形による難視聴の解消 ○都市の高度化に伴う受信障害の解消 テレビジョンのチャンネルが少ない地域での区域外再送信サービス ↓テレビの補完的メディア	○放送事業者の難視聴対策 ○受信障害原因者の受信障害対策 ○ビジネスとしての萌芽
現在	○娯楽の欲求の拡大・細分化 ○情報ニーズの高度化・多様化・個性化 ↓自立的娯楽・情報メディア	○ビジネスとして確立 ↓都市型CATV、番組供給事業者の成立
	○地域間格差のない情報の享受	○情報の地域間格差の是正
	○既存のコミュニケーションへの帰属意識の稀薄化に対する対応 ↓地域メディア	○コミュニティの形成 ↓行政広報・議会中継・地域情報の提供
未来	○何十チャンネルにもわたる多種・多様な専門番組サービスの享受 ↓各人のニーズに応じた情報の入手	○何十チャンネルにもわたる多種・多様な専門番組サービス ↓専門的分野での情報の提供
	○双方向性を利用した通信類似サービスの享受 ↓モールショッピング、ホームセキュリティ、医療、教育	○双方向性を利用した通信類似サービスの提供 ↓無店舗販売業、警備保障会社、医療機関予備校、学習塾
	○新たな文化への参加 ↓住民参加番組	○新たな文化の創造及び普及 ↓マスメディアとしての位置づけ
	○全国各地の情報享受	○地域からの情報発信 ↓ふるさとサット構想

出典：株式会社NHKアイテック、『地域情報化とCATV』、一九九一年

着性に注目を集め、それが次第にモアチャンネルから自主放送を行うCATVが登場するに至って②多チャネル性に移っている。現在の自主放送を行うCATVは平均約四〇チャンネルの電送が可能なメディアである。さらに、近年では③双方向性が着目されるなど、次第にこの三点の中でも注目を集める点が推移している(1)。「第一世代」の難視聴型ではまずテレビが視聴できることがベースの役割であった。「第二世代」といわれるモアチャンネル型になると、都市部で見られるキー局の放送が視聴できることが求められた。「第三世代」といわれる双方向型になると、自分が望むときに、必要な情報を提供・享受できることが求められている。一九九〇年代にCATVに対して求められるものが大きく変化したといえる。

さて、当初のCATVの役割は、テレビ難視聴地域において良好なテレビジョン放送を提供することにあった。しかし最近では、多チャンネルや双方向サービス等を提供するCATVの出現により、その役割はより広範・多様なものへと転換している（第1表参照）。

今後は、「地域経済の活性化」「地域における情報格差の是正」「快適で安全な生活が享受できる環境づくり」「若者の定住」といった地域的課題に対する重要な対策としてその役割がより期待されている。CATVに期待される役割として以下のようなものが、大分県の「CATV等普及対策検討委員会報告書」（一九九五）では指摘している。①豊富で質の高い情報の提供、②情報の地域間格差の是正、③地域コミュニティの形成、④新規の行政サービス、⑤地域からの情報発信の五点である。

今日、CATVの役割として最も重要と思われるのは、「総合的な地域情報通信基盤」という視点と思われる。つまり、地域に網の目のように張り巡らされたケーブルを利用して、多様な情報を発信、享受する基盤としてCATVを利用することである。現象面では「放送と通信の融合」と呼ばれる状況である。これまでは、テレビを視聴するための道具であったが、現在では、通信機能が付加され、ケーブル電話を利用したり、インターネット接続をしたり、ゲームを楽しんだりする多様な利用が可能である「フルサービス」がCATVに求められている。

このように、八〇年代から九〇年代にかけて、大きく情報通信技術の発展がみられるなかで、大分県ではどのように対応し、CATV事態もどのように変わろうとしているのかについて、実態調査をふまえ考察を行う。

二　大分県における地域情報化の現状

大分県は、非常に山が多く、地形が複雑であることからコミュニティにおいて、公共的な情報、あるいは周辺地域の情報が手に入りにくいという歴史があった。

「九州マルチメディア推進懇談会」最終報告書（一九九七年六月）によると九州地区は次のような地域的課題を抱えていると指摘している。第一に、九州は、自治体の五割超が過疎地の指定を受け、全国の過疎地人口の三割、全国の離島人口の五割を占めており、これらの地域振興なくして、九州全体の総合的発展はないという基本認識が示されている。第二に、過疎地の進展に伴い、生活基盤施設の整備も悪化し、それを要因としてさらに過疎化が進展するという悪循環が発生している。過疎が過疎を生む現実のなかで、これからの地域での住民利便性を高め、住民の地域定着、域外流出を防止するため「遠隔医療」、「遠隔教育」、「テレワーク」等の導入が有効であるという。まさに、地域の抱える様々な問題の解決策の一つとして、地域情報化の推進に積極的に取り組む必要がある。特に、情報通信基盤の整備は、道路網などの社会資本整備とともに、活力ある地域社会を作るために必要不可欠な要素であると認識する必要がある。

［第2表］は、大分県の情報化に関する歩みをまとめたものだが、やはり八〇年代と九〇年代の二つの時期に大き

第2表　大分県における情報化のあゆみ

一九八四年	一〇月	ニューメディアコミュニティ構想（大分市・別府市及び県北国東テクノポリス地域）
一九八五年	三月	テレトピア構想（日田市地域）
一九八五年	五月	ビデオテックス COARA
一九八六年	三月	テレトピア構想（佐伯市地域）
一九八六年	七月	グリーントピア構想（竹田市、荻町、久住町、直入町）
一九八七年	三月	インテリジェントシティ構想（大分市、別府市）
一九八七年	四月	大山町有線テレビ（OYT）開局
一九八九年	三月	ハイビジョンシティ構想（大分市）
一九九〇年	三月	豊の国情報ネットワーク
一九九一年	三月	大分県地域情報化計画
一九九一年	一一月	ケーブルテレビジョン別府（CTB）開局
一九九二年	四月	大分ケーブルテレビ（OCT）開局
一九九三年	三月	ケーブルテレビ佐伯（CTS）開局
	四月	ニューコアラ
	五月	(財)ハイパーネットワーク社会研究所
	一〇月	大分朝日放送（OAB）開局
一九九五年	三月	ネットワーク型CATV構想 へき地学校高度情報通信設備活用法研究開発事業
一九九五年		NTTのマルチメディア地域実験
一九九六年	六月	豊の国医療診断支援システム実証実験ネットワーク

く区分しうる。

【八〇年代の情報化】

一九八〇年代は一言でいえば、ニューメディアの時代といいうる。それを代表しているのが、通産省のニューメディアコミュニティ構想、郵政省のテレトピア構想、農林省のグリーントピア構想、建設省のインテリジェントシティ構想といえよう。いわば、国―地方あげてニューメディアの普及をはかっていた時代であった。大分県では、①ビデオテックス、②COARA、③豊の国情報ネットワークが一九八〇年代のニューメディアの時代に整備されている。

まず、第一番目のビデオテックスは、一九八五年五月に、地方レベルでは全国で最初に「キャプテンサービス」を第三セクターの株式会社である大分ニューメディアサービス（株）が開始した。

第二番目のＣＯＡＲＡは、一九八五年五月に、社団法人大分県地域経済情報センターに事務局を置いて、ＣＯＡＲＡ（旧称大分パソコン通信アマチュア研究協会）が誕生した。米国の公的地域ネットワークであるサンタモニカ市のＰＥＮ（Public Electoronic Network）や韓国との交流が行われているほか、国内でも札幌市、仙台市、名古屋市、富山市、広島市の各地域ネットを結んでの意見交換が行われている。九三年四月に、パソコン通信の利用者の増大とサービスの多様化に対応するため、最新の機能を整備するとともに、各種の情報サービスを利用しやすくした「ニューＣＯＡＲＡ」を発足させている。最近では、地域ＢＢＳとしては初めてインターネットと接続するなど、活発な活動を行っている。

三番目は、ふるさと創生の一億円を利用した「豊の国情報ネットワーク」の構築があげられる。これは、県内のＮＴＴの市内料金区域毎にアクセスポイントを設置し、パケット通信網でネットワークしたもので、県内どこからでも市内通話料金でキャプテンやパソコン通信等の情報通信ができる。この「豊の国情報ネットワーク」は、全県均一料金という地理的な統一だけでなく、豊の国情報ネットワークに接続する各種のネットワークを統合するシステムの統一も行うことになった。電子メールや電子会議といったコミュニケーション・ツールとしてのＣＯＡＲＡ、画像情報データベースとしてのキャプテン、さらには県の統計データバンク（オスカル）や、中小企業向けの中小企業データベース（コロンブス）、筑波学園都市の研究者との交流機能を持つ大分研究情報ネットワーク（オリオン）、大分県生涯学習情報提供ネットワークシステム（バンビ五八）、大分県図書館情報ネットワーク（オリーブ）等が接続されており、より統合的な社会インフラ情報ネットワークが形成された。また、このネットワークで提供するサービスには、ゲートウェイを経由して県外のネットワークと接続しているものもあり、県内情報の発信機能の役割も担っている。

その意味では、「豊の国情報ネットワーク」は八〇年代に築いてきた情報化の集大成ともいえるものであった。

【九〇年代】

九〇年代に入り、バブル崩壊等の経済的要因もあり、情報化は減速するかに見えたが、九〇年代に入り新たな様相のもとに情報化は進展している。その要因は数多く考えられるが、ここでは、三点のみ指摘しておく。

第一には、八九年の衛星放送、通信衛星の打ち上げである。BS、CS放送開始は、地上のCATV局のシステムと結びついた「スペースケーブルネット」というシステムを作り上げることが可能となった。大分県では、一九九一年にケーブルテレビジョン別府（CTB）、一九九二年大分ケーブルテレビ（OCT）、一九九三年ケーブルテレビ佐伯（CTS）と自主放送を行なうケーブルテレビが相次いで開局をしている。さらに、第二点としては、九〇年代に入ると、これまでのメディアが〈融合〉しあいながら、マルチメディアといわれる方向に走り始めたこと。そのターニングポイントに、一九九四年四月の電気通信審議会の答申『二一世紀の知的社会への改革』の光ファイバー網の整備計画があった。さらに、第三点としては、一九九三年一二月、郵政省の「CATV発展に向けての施策」をはじめとする規制緩和策である。

そこで、一九九一年に大分県は「大分県地域情報化計画」を策定している。さらに情報化は加速し、光ファイバー等の高速通信網により、文字だけでなく、動画像や音声なども含んだマルチメディア情報を、双方向でやりとりすることが可能になるハイパーネット社会の研究のために、通産省と郵政省の協力を得て九三年に「㈶ハイパーネットワーク社会研究所」を設立している。

大分県では、これからの地域情報化のポイントとしていることは、それぞれの地方が持っている様々な情報を、ど

第1図　マルチメディア地域実験システム概要

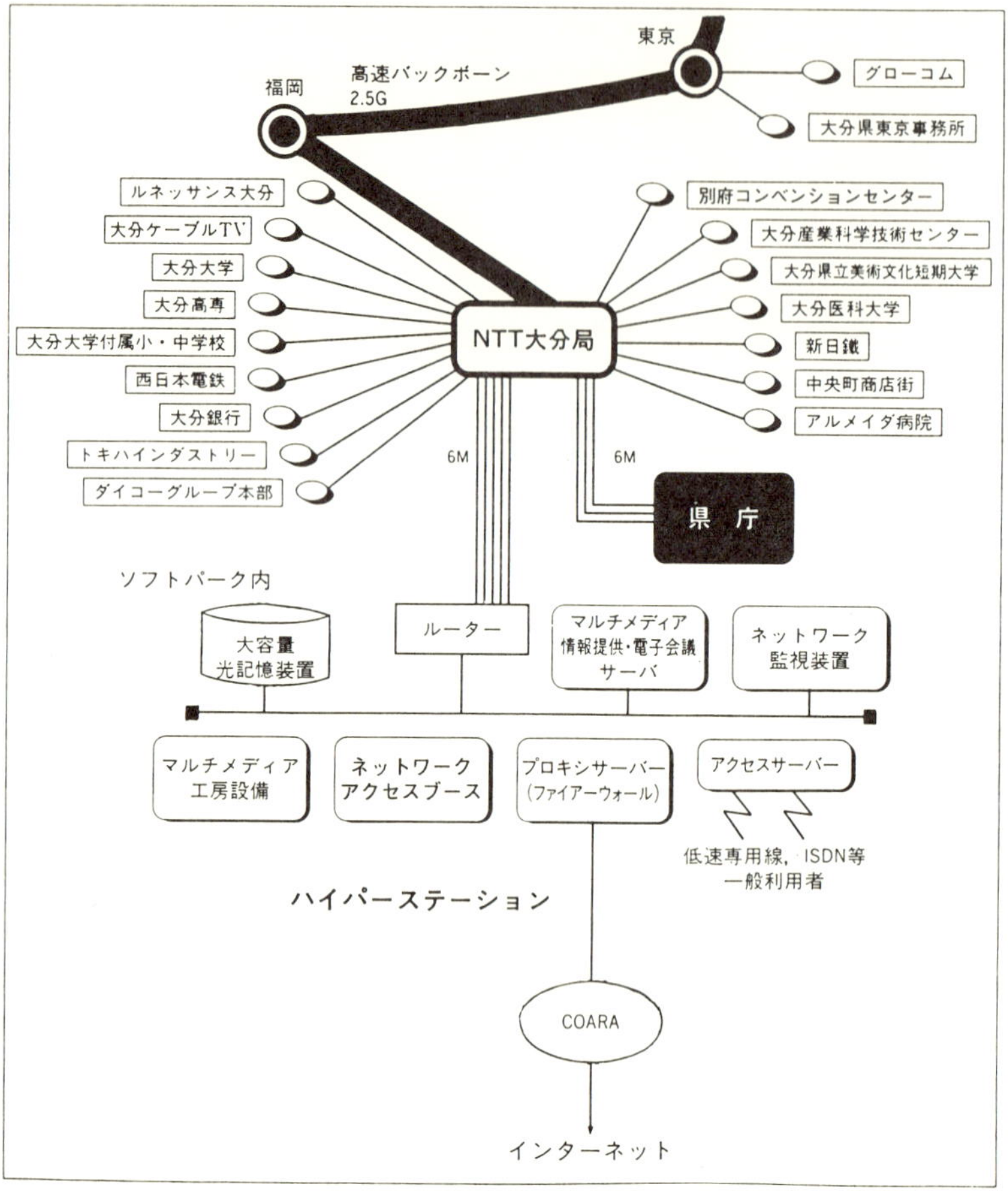

こにでも発信できるようにするということであり、そのためにはマルチメディア・ネットワークが不可欠であると考えている。

そこで、県下にいちはやく、光ファイバー網を整備するため、また、先行ノウハウ取得のため、NTTの「マルチメディア通信共同利用実験」に、県としては全国で唯一参加している。この実験では、大学や研究機関、企業、商店街等の実験参加者が、県が設置する情報受発信用コンピュータを使って、マルチメディア情報の受発信を行うほか、電子メールや電子会議により情報交換を行うなど、地域にいても、日本全国あるいは全世界を対象とした情報通信が可能となる環境を構築することとしている（第1図参照）。

また、郵政省の支援を受けて、大分市内の中核病院と離島の診療所等を結んだ「医療相談支援システム」を構築するほか、文部省による僻地教育へのマルチメディアの活用として大分県津久見市立津久見小学校と津久見市立無垢島小学校間で実施されるなど、マルチメディアを地域住民の生活に役立てようとする試みが実施されている。

以上のような大分県の情報化施策の特徴を二点ほど指摘しておく。第一番目に、各地域のバランスのとれた情報化を推進している。昭和五七年三月、テクノポリス開発構想地域に「県北・国東」が指定されて以来、国の進める地域情報化プロジェクトを積極的に取り入れ、各情報システムを構築するなど、地域の特性に応じた特色あるバランスのとれた情報化を推進している。ただ、それぞれの情報化施策の実効性がどの程度あったかについては議論の余地がある。

第二番目に、NTTが試験的に提供する「B-ISDN網」（マルチメディア通信が可能な広帯域光ケーブル網）を利用し、「豊の国マルチメディア地域利用実験」という名称で行っている点である。大分県以外の共同利用実験参加者は原則的に、新規サービスや単一分野のシステムを実験対象としているが、大分県では、可能な限り汎用的に数多くのシステムを実験対象に取り込もうとしているのが特徴となっている。このように、国やNTTの力を利用しながら、自分たちのシステムを構築し、運用しようとするところに大分県らしい姿勢が見られる。

三　大分県内のCATVのケーススタディ

九六年八月には大分県内のCATVの現地調査を実施した。視察したCATV施設は、大分ケーブルテレビ（OC

T）、ケーブルテレビジョン別府（CTB）、大山町有線ケーブルテレビ局（OYT）の三局であるが、ここでは紙幅の関係上、都市型ケーブルテレビとしては大分ケーブルテレビ（OCT）、農村型としては大山町有線ケーブルテレビ局（OYT）の二局についての考察を行う。

（1）　大分ケーブルテレビ

大分ケーブルテレビ（OCT）は、一九九二年四月一日に開局した三一チャンネルの放送を行っている都市型ケーブルテレビである。（現在では三二チャンネル）ここでは、OCTの特徴の三点についてのみ触れることにする。第一点は「テレビCM自動作成システム」、第二点は「生活情報チャンネル」、第三点はOCTの「マルチメディア化の戦略」についてである。

【テレビCM自動作成システム】

OCTは自主制作チャンネルとして、「大分市民チャンネル」（1CH）、「番組ガイド」（30CH）、「生活情報チャンネル」（6CH）、「情報チャンネル（文字放送）」（35CH）の四つを放送しているが、三つ目の「生活情報チャンネル」を支えているのが「テレビCM自動作成システム」である。この特色は、次の三点である。

① CM制作の低コスト化／パソコンを中心としたシステムを活用しているため、比較的低いコストで、CM画面制作が可能。

② 新鮮な情報の提供／データの入れ換えが容易で、新鮮な情報を提供することが可能。

③ 運用の自動化／チャンネルの放送時間をシステムがコントロールするため、無人環境で自動送出が可能。

以上の「テレビCM自動作成システム」は、大日本印刷ACS事業部九州企画グループと共同開発をした。印刷原稿をデジタルで取り込んで、CM画面が簡単に作れて、内容の入れ換えが容易、番組の送出も自動化できる画期的なシステムとなっている。このシステムの作成にみられるように、地域情報の提供の仕方に工夫を試みている。

【生活情報チャンネル】

「生活情報チャンネル」は、大分市民が日常必要としている生活レベルの情報を常時提供している。このコンセプトを基に、印刷会社と知恵を出し合って立ち上げたのがこのチャンネルである。コンテンツとしては、「住宅」、「中古車」、「求人」の三本柱であった。これにイベント情報、パソコンやスーパーの安売り情報、ネコあげます式のペット情報などが加わり、昨年一〇月からはグルメ、結婚式場情報も始まった。それぞれの情報画面は一五秒で作られていて、必要なものは常時内容が更新される。CM料金が安いので、スポンサー側も気軽に利用できる。このように、技術開発力があるというのが、OCTの特徴ともなっている。

OCTの九六年三月期の総収入は一一億円であったが、九七年度のコマーシャル収入は、全体で八千万円を目標にしている。「生活情報チャンネル」が新たに加わったことにより、開局三年目からの単年度黒字経営が、さらに安定することになる。市民の必要な情報を提供し、同時に、ビジネスとしても採算に合う事業を行うところにOCTならではの戦略がある。

【OCTのマルチメディア化】

OCTのマルチメディア化としては、一つ目は通信機能を取り入れた双方向サービスをどれだけ提供できるか。二つ目は、ネットワーク型ケーブルテレビ構想のイニシアチブをどれだけとりうるのかにあるように思われる。

①双方向通信機能の整備

時代は今、アナログからデジタルへと大きく移行しつつある。そうした中、ケーブルテレビを使ったインターネット接続という新しい可能性が注目を集めている。いわゆる都市型ケーブルテレビであるOCTは、大規模な通信網、デジタル化により二〇〇チャンネルを超える伝送路及び双方向性を備えている。このような豊富な機能を備えており、これらの情報通信基盤を生かしながら、「多チャンネル」、「双方向性」を生かしたサービスとして「行政情報」をはじめとして、「在宅医療システム」「ガス・水道の自動検針」等、また「交通情報」や「河川情報」「パソコン通信」などに枠を広げる予定である。先に述べた「生活情報チャンネル」についても、開発したシステムにより、〝簡単に扱える〟がコンセプトなので画面が単調である。今後は画面を魅力的にする動画機能を付加することと、加入者のインターネット接続が実現した際、情報の検索機能を加えていくことが次の課題である。

②ネットワーク型ケーブルテレビ構想の推進キー局

OCT大分ケーブルテレビ放送では平松大分県知事のネットワーク型ケーブルテレビ構想に基づき、ケーブルテレビの伝送路網を利用した大分県の高度情報化を積極的に推進している。これは先述の通り、都市にある既存のケーブルテレビ局を母局として県内の市町村に光ケーブルを延ばし、その先に新たなケーブルテレビ局を作る、あるいは既存のケーブルテレビ局間を接続し、将来的に県下五八市町村をカバーする一大広域ネットワークを作ろうとする構想である。これが実現すると過疎や辺地の町にも大都市と同じ情報が流れることになり双方向を活用して、インターネット接続サービス・福祉・医療・教育・観光・防災等に利用できることになる。県の「ネットワーク型ケーブルテレビ構想」を受けてOCTではすでに四万五千世帯（調査報告作成時点では約六万世帯）に接続した伝送路を活用し、多チャンネル放送のみならず、上記のような通信事業も積極的に推進し、その構想推進のリーダーシップをとっている。

（2）　大山町有線ケーブルテレビ局（OYT）

大山町といえば、「梅栗うえてハワイへ行こう」というキャッチフレーズがあまりにも有名である。それは、一九六一年に始められたNPC（New Plum Chestnut）運動のキャッチフレーズであった。つまり、従来の耕種農業から水田に梅を、畑に栗を植え、所得の向上を図ろうという農業改革運動だった。時代はちょうど池田内閣の所得倍増論のもと、農業基本法が制定され、米一俵増産運動が進められていた。しかし、広い平野を持つ地域とは違うため、自分たちの地域に合った方策を考えてのことだった。

この運動はその後、二次（一九六五年）、三次（一九六九年）にわたって展開され、今日、村おこしのバイブルともいわれている。平松知事が就任直後に提唱した「一村一品運動」（一九七九年）は、大山町などをモデルにしていたといわれるが、大山町が村おこし運動を始めて一八年も経過してのことだった。一九七八年の長洲神奈川県知事が発表した「地方の時代」とともに、一九八〇年代前半は地域活性化の時代を迎えることとなった。

大山町の村おこしの歴史については拙稿（炭谷、一九八九）を参照いただきたいが、村おこし運動の遺産は有線テレビ局にも継承されているといえる。上智大学の音好宏も、「大山町の地域活性化運動の中で培われてきた、「村おこし」の理念が、大山町有線テレビの活動の中に随所に見られる」と指摘している。「CATVの地域活性化への可能性―大分県大山町の試行・実践から―」（「情報通信学会誌28」、一九九〇年八月、一六二頁）

【OYTの特徴】

大山町有線テレビは、これまでの難視聴解消地区の一九の小規模再送信施設を統合する形で、一九八七年四月一日に、大山町が、新農業構造改善事業として開設したものである。この施設は、農水省のすすめる農村多元情報システム（Multi Purpose Information System、以下ＭＰＩＳ）である。加入世帯は、大山町の全世帯が加入している。開局して一〇年を迎えるが、全国六〇カ所余りを超えるＭＰＩＳ施設の中でも、奈良県下市町、徳島県大俣農協、岐阜県国府町の第一世代に次ぐ、全国七番目の施設である。

ＯＹＴの役割は、①農業生産性の向上、②地域行政の合理化（農業行政、地域生活行政）、③生活改善（コミュニティ活性化、地域格差の是正）、④文化・娯楽という「四つの役割規定」に現れている。特に、ＭＰＩＳ施設ということもあり、農業との関わりが重要となっている。農業情報こそは、大山町民にとっての必要不可欠な生活情報なのである。

ＯＹＴの特徴として以下の四点について述べる。

①ＰＣＭ音声告知放送／緊急情報、営農情報などを音声で知るほか、音楽放送を聞くこともできる。かつての有線放送電話が果たしていた役割の代替ともいえる。

②ファクシミリプリンタ装置（電子回覧板）／映像や音声では十分に伝わらない情報を活字や絵で受けることができる。区長、農事主事宅等に九二台設置された。

③農業気象観測設備／ケーブルを使ってデータ通信の回線に利用していることである。役場の屋上と町内の三カ所の合計四カ所に、気象観測装置が設置されている。ここで観測した気温、湿度、風向、風速、地中温度、地表温度など一〇項目に関する情報を、ケーブル上り回線にのせて、ＯＹＴのセンターのコンピュータに蓄積しておく。そして、今度は下りのケーブルを使って、それらの情報を各家庭に一〇分毎に伝えている。これが七チャンネルの「気象放送」である。また、蓄積されたデータから霜警報予測演算を行い、必要な時に霜警報を出力し防霜ファンを作動さ

せることで作物の収穫量を増やすことにも寄与している。このような気象観測施設は、大山町が最初に導入した（林茂樹『ＭＰＩＳ』ニューメディア、一九九六年）。

④自主放送／町内の身近なニュースや情報を自主制作番組で見ることができる。テレビ再送信は八チャンネル（ＮＨＫ二局と、大分県内の民放三局の区域内再送信、福岡県内の民放三局の区域外再送信）、衛星放送は二局、そして自主チャンネルが二チャンネルある。一つが、先の「気象チャンネル」であり、二つめが「ＯＹＴ五チャンネル」というコミュニティチャンネルで放送されている。

ＯＹＴの自主放送チャンネル

５ＣＨ	自主放送	コミュニティチャンネル
17ＣＨ	自主放送（気象情報）	高度気象情報システム
34ＣＨ	ガイドチャンネル	一三分割画面
37ＣＨ	双方向（教育用）	学校間放送用
38ＣＨ	双方向（教育用）	学校間放送用
39ＣＨ	ＭＩＯＤ-１	リクエストチャンネル
40ＣＨ	ＭＩＯＤ-２	リクエストチャンネル
41ＣＨ	ＭＩＯＤ-３	リクエストチャンネル
42ＣＨ	ＭＩＯＤ-４	リクエストチャンネル
43ＣＨ	ＭＩＯＤ-５	リクエストチャンネル

次に、受け手の住民側としてはOYTをどのようにとらえているかを考察してみよう。大山町有線テレビに関する住民意識調査（「ニューメディアと地域活性化研究会」代表山本透教授）を取り上げてみよう。「あなたは、大山有線テレビを自分たちのテレビだという感じをお持ちですか」との問に対して、五二・八％が「持っている」と答え、「持っていない」と答えた人（一六・九％）を大きく引き離している。この評価の高さは、OYTの実績が住民によって支持されてきたことの証左と読み取ることが可能である。音も次のように言及している。「CATV導入過程で住民のコンセンサス作りが比較的うまくなされたこと。設立後も、自主放送チャンネルでは、東京の番組製作会社が作った番組をただ流すというような編成ではなく、自分たちが大山町に住むために役に立つ情報、番組として作り続けてきたことによるものと考えられる。その姿勢は、地域性を重視した情報化、地に足のついた情報化の一つの形態を示したものとして意義深いと言えよう。」（音、前掲書）

【OYTのマルチメディア化】

CATVの最大の利点は、「家庭と各施設が一本のケーブルで結ばれたこと」であるとOYTのホームページの冒頭に記されている。まさに、その各戸に接続されたケーブルのインフラを活用し、これからの新しい時代の変化に沿いながらグレードアップさせていくかが、現在のOYTの課題となっている。その意味で、OYTはその転換点にあった。従来の放送型サービスから、住民側から情報を取捨選択する通信型サービスに転換している。

町内の情報伝達網の双方向化を図り、一方的に情報を伝達する「放送」から「通信」という情報サービスへの拡大を図り、この通信回線とCATVを組み合わせ、また、通信回線を使った情報サービスを目指している。情報伝達のインフラストラクチャーとなる、デジタル通信回線を導入、さらに、自主放送チャンネルを五チャンネル追加し（39CH〜43CH）、この五つのチャンネルをVOD専用チャンネルとしている。農村型CATV初のVODシステムである。(2)

①MIODシステム（Multi Information On Demand）

CATVと通信回線（地域内電話）を使って、町内の全家庭が即利用できるシステムが、MIODシステムである。センターに設置された「ビデオサーバー（ハードディスク）」に最大一二時間までの番組が蓄積され、各家庭から電話を使ってのリクエストにより、音声ガイダンスに従って、希望の番組ナンバーを入力、アナウンスされるチャンネルに合わせれば一〇秒後から番組が始まり、いつでも見たい番組が視聴可能である。登録番組は、現在のところ自主制作による生活情報である。毎日のニュース番組（一週間分）と様々な特集番組のほか、議会中継、農業技術情報、夜間当番医情報などである。

従来のCATVシステムは、「放送」つまり、相手の意思にかかわらず一方的に決まった時間に送出されるものだった。ところが、通信のインフラの整備が行われたことで、今度は、必要な人が、必要なときに、必要な情報を、自由に取り出すことが可能になる。これは、情報センター自体が「放送室」から「データベース」へ変わることを意味している。データベースから情報を引き出す手段として導入されたのが、「FAX情報サービス」と「コンピュータネットワークシステム」である。

②コンピュータネットワーク（パソコン通信網）……OYTマルチメディア構想

コンピュータネットワークを補助するものとして「FAX情報サービス」がある。役場の通常の仕事は、午前八時三〇分から午後五時までである。役場の会議室を使用するための申込書や様々な書式・要綱などがFAXで二四時間

第２図　CATV＋デジタル電話システム

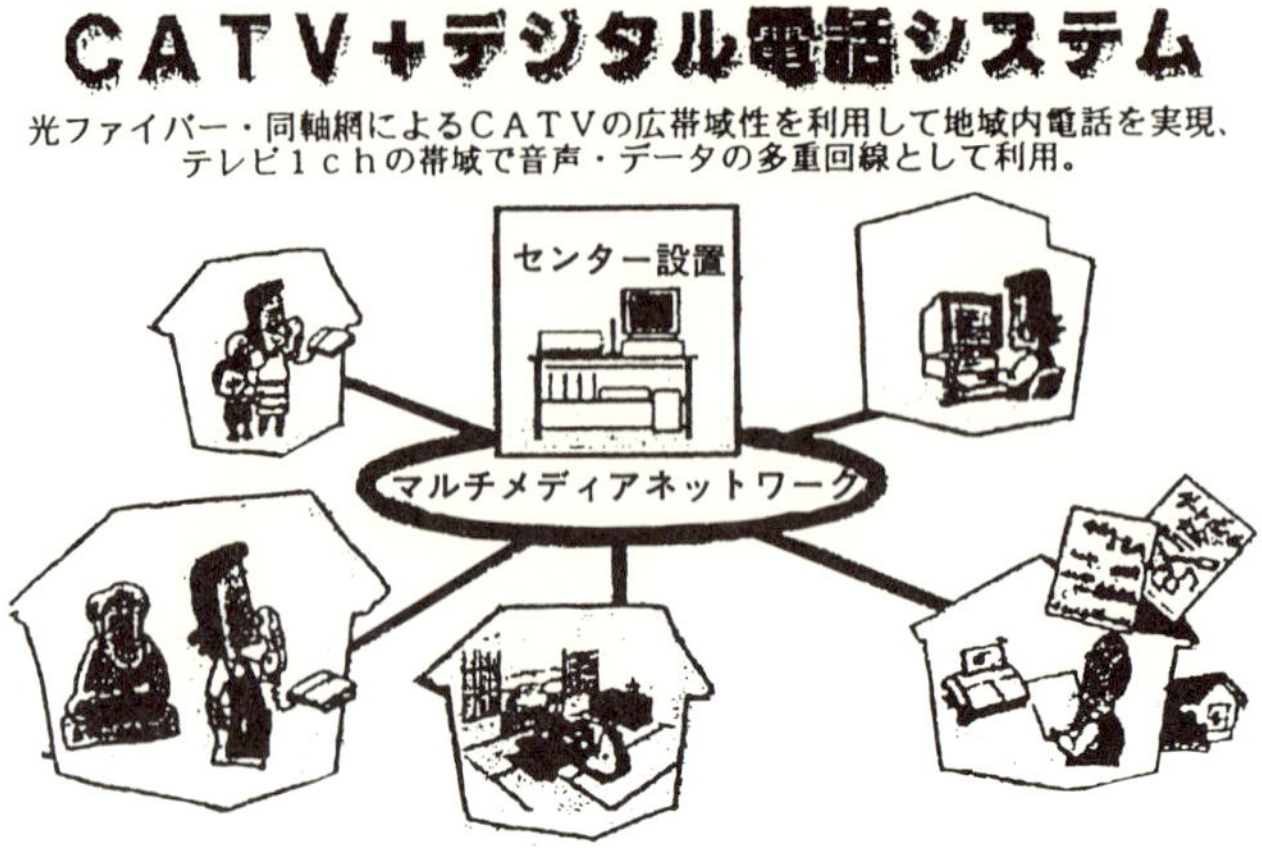
CATV＋デジタル電話システム
光ファイバー・同軸網によるCATVの広帯域性を利用して地域内電話を実現、
テレビ１chの帯域で音声・データの多重回線として利用。
センター設置
マルチメディアネットワーク

資料提供：松下電気産業株式会社

取り出しが可能となる。一年に一度しか見直しが行われない「農産物の栽培暦」、「農産物市況情報」や「気象データ」などの過去のデータ、最新の制度資金の利用に関する案内など、配布された時点では必要としないものでも、日曜日など時と相手を気にせずに取り出しが随時可能となっている。

上記の「FAX情報サービス」の次世代を担うシステムが、「コンピュータネットワーク」のパソコン通信網である。現状でも事業所の中では、数多くのパソコンが稼働し、それらのデータを統一して、一つにまとめられたら、膨大な町の財産でもある。現在、FAX情報サービスに登録される文書は、まず、このネットワーク上で制作され印刷されたものが、FAXサービスに登録される。これは、次世代に向けて有効に使うためのデータを残していくためのものでもある。FAXサービスでは、用紙に印字されたものが取り出されるのに対して、こちらでは、パソコン上のデータとして取り扱うためグラフ化や比較など様々な加工が可能なことが特徴である。

また、ネット上の電子メールを利用した「電子会議」や個々人のスケジュールにあわせた会議の開催なども可能で、公的データと私的データを混在させながらもそのプライバシーは、確実に守られる。

以上のように、MPIS施設のOYTは新しいVOD型通信サービスが一九九七年一月一日より一部試験運用を開始している。このサービスが、町民の人々にどのように受け止められ、利用されているのかは、今後の調査・研究課題であるが、大変ユニークな試みと思われる。まさに、村おこしの老舗のパイオニア精神が現在も人々に受け継がれている証ともいえよう。

四　ネットワーク型CATV構想

大分県では、一九九六年度に「CATV等普及対策検討委員会」を設置し、市町村におけるCATV放送事業の整備手法及び普及対策などを検討し、報告書を取りまとめた。この中で、「ネットワーク型CATV構想」が提唱されている。

これは、例えば大都市にある既存のCATV局を基点として、近隣の他地域に光ケーブルを延ばし、その延ばした先に新たなCATV局を作る、あるいは既存のCATV局同士を接続しようというものである。さらに、それらのCATV局を拠点として、隣接する周辺の市町村へ光ケーブルや同軸ケーブルを延ばし、最終的には県下の全市町村をカバーするCATVの一大ネットワークを構築しようという構想である。

【ネットワーク型CATVの効果】

このようにCATV局間を光ケーブルによりネットワーク化することによって、次のような効果が期待できる。①CATV局の間で、それぞれの持っている番組を相互に提供しあえる、つまり映像情報の共有化ということが可能になるのである。これにより、県内のどの地域に住んでいても格差のない多種・多彩な映像情報を得ることができるようになる。②ネットワークによって番組配信を行うことにより受信施設、放送設備などの局施設が簡易に可能となる。③管理運営を一本化することなどにより、CATV局の運営・管理にかかるコストが軽減できる。その結果、従来のような地域ごとに独立したCATV局をつくるよりもはるかに効率的にCATVの普及、拡充ができるようになるのである。

【ネットワーク型のCATVがもたらす付随効果】

ところで、このようなCATVのネットワーク化は、次の三つの付随効果をもたらす。

①地域からの情報発信、地域間の情報交流が容易となる。従来のテレビ放送では、東京から地方へ、都市部から郡部へという具合に片方向の情報の流れしかなかったが、ネットワーク型CATVでは、相互に映像情報を提供しあうことが簡単にできるので、例えば、郡部から都市部へ、郡部から直接他の農村地域へも映像情報を発信することができるようになる。さらに、地域の伝統行事やイベントなど、地域の文化に根ざしたローカル色豊かな自主制作番組をネットワークを通じて他の地域に発信することで、地域間の理解が深まり、直接的な（オフラインでの）情報交換や新たな交流が生まれ、地域の活性化を図る上で大きな効果が期待される。さらに、都市と農村、あるいは農村同士の間で双方向の情報交流が可能になるという点で、ネットワーク型CATVはこれまでの放送メディアにはない新たな可能性を秘めているといえる。

②行政機関を結ぶ情報ネットワークとしても活用できる。県域行政機関を結ぶWANを形成し、テレビ会議、県市町村を結ぶイントラネットとしても機能しうる。さらに、広域行政圏等においては、圏域全体でネットワーク型CA

第3図　ネットワーク型CATVシステムの概要

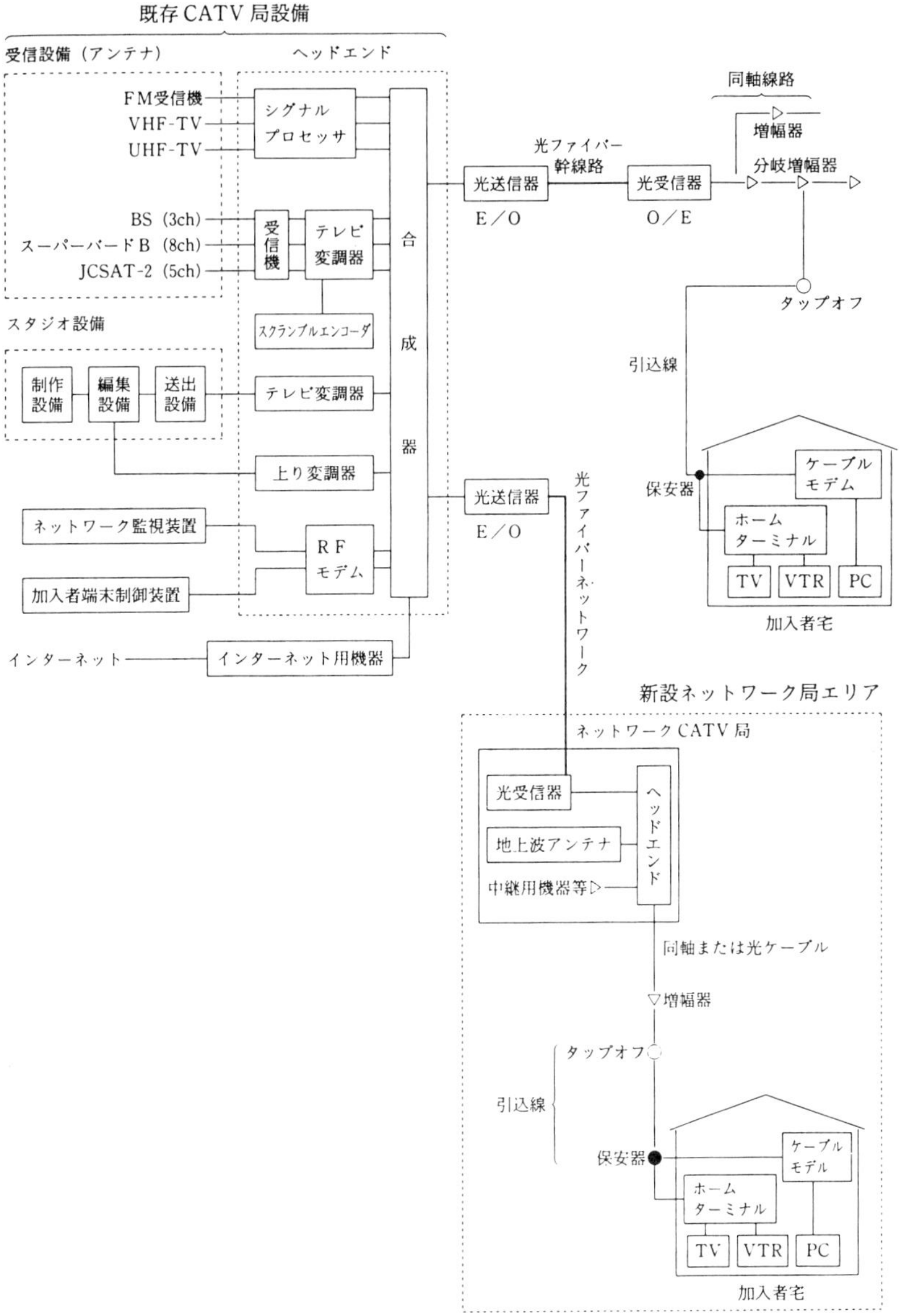

TVを整備すれば、情報の共有により、広域の一本化が促進されるとともに、複数市町村の協力により情報の蓄積も進むため、情報発信能力もより一層高まるものと考えられる。

③市民レベルとしては、各家庭まで延びたマルチメディア通信網を活用することができる。県域対象の情報サービスの検索や、インターネットなどを利用することも可能となる。

以上のように、地域、行政、市民というそれぞれのレベルにおいて効果をあげ得るものと考えられる。

【マルチメディア時代のネットワーク型CATVの意義】

マルチメディア・ネットワークとは、コンピュータによってデジタル統合された情報を高速かつ大容量に、しかも双方向でコミュニケーションができるものであり、いわば情報スーパーハイウェイといえるものである（第3図参照）。

先に述べたように、大分県には既に「豊の国情報ネットワーク」というデータ通信網があるが、これは通信回線としては一般の専用回線を使っている関係で、図形や画像データをのせるには、通信速度の点で限界があった。これに対して、今後のマルチメディア時代の通信を担うとされている光ファイバーは、動画像などの大規模なデータ通信にも高速に対応できるものである。

一方、CATVの同軸ケーブル網も、広帯域、大容量、かつ双方向性をもたせることが可能であることから、映像情報の送信以外に、デジタル情報を含む様々なメディアの通信路として多目的に活用することができる。つまり、ネットワーク型CATVの同軸ケーブルとCATV局間を結ぶ光ケーブルがそのままトータル・ネットワークとして活用することが可能で、「大分県版地域情報スーパーハイウェイ」の構築を図る上で重要な要素になるものと考えられる。

県がネットワーク型CATVに取り組む意義

・ネットワーク整備の効率化（ネットワーク整備の調整を県域で一体的に行う）
・地域情報化の効率的推進（情報通信、放送など多様なメディアにおける地域間格差の抜本的な解消）
・広域行政圏の形成を促進する（広域コミュニティ情報による生活圏の一本化）
・県内各地域間交流の促進、活性化が図られる（県内全域における情報発信、情報交流）
・県行政サービスの高度化（県議会中継、広報番組等県民チャンネルの設置、インターネットによる行政情報サービス）
・マルチメディア情報道路の可能性（ハイパーステーションとの接続、豊の国情報ネットワークとの連携）

「CATV等普及対策検討委員会報告書」より

以上検討してきたように、ネットワーク型CATV構想は真剣に検討に値すべき内容のものである。しかし、これらの実現のためにはいくつかのハードルをクリヤーしなければならない。その課題について整理して述べて本節の結びとしたい。

【ネットワーク型CATV構想の課題】

ネットワーク型CATV構想の課題を五点指摘しておきたい。

①事業主体　民間事業者や第三セクターによるサービス提供が期待できないので、市町村が主体にならざるをえない。以下でふれる財源及び運営上、市町村が運営主体となる是非は検討されねばならない。

②財源の問題　光ファイバーの敷設等、設備に莫大な経費がかかり財政負担が大きいので、国や県による財政上の支援が必要である。

③運営方法の問題　施設の維持管理に多額の経費がかかる、要員の確保も難しいので、一般会計を圧迫しかねない。

④地域間の格差　県内全体の均衡のとれた情報化を推進し、地域間の情報格差をなくすためにも、その全県的な普及を積極的に図っていかねばならない。

⑤社会的ニーズ　受信可能な情報が多いというだけでは不十分であり、情報を創造し、発信していくことが不可欠になっていくと考えられる。そのため、今後CATVは地域における映像情報発信基地にとどまらず、総合的な情報通信基盤として大きな役割を果たすことが期待されている。ただ、情報を発信しようとか、高度な情報サービスを利用しようというニーズがあるかどうかが問われなければならない。かつて八〇年代の「ニューメディアの失敗」もそこにあった。ハードが先行し、ニーズや採算が問われなかった。再び同じ道をたどってはなるまい。

以上、ネットワーク型のCATV構想を巡る課題を、事業主体、財源の問題、運営方法の問題、地域間の格差、社会的ニーズの五つの側面から述べた。しかし、二一世紀のハイパーネットワーク社会に向かって、地方からCATVのネットワーク化を推進する動きは、極めて意義のある試みである。中央を起点とする情報スーパーハイウェイでなく、地方を起点とする「ネットワーク型CATV構想」の今後に期待したい。

【追記】

本節の執筆は、九六年八月の調査時点のデータを原則として使用している。その後の変化については、わかる範囲で変更したが、執筆の経緯をご考慮いただければ幸いである。

大分調査に当たっては、白門会大分支部副会長の赤星氏に大変お世話になった。また、大分県庁の情報化推進室や地元ケーブルテレビの大分ケーブルテレビ（OCT）の佐藤英生常務、ケーブルテレビジョン別府（CTB）の藤野守弘常務、大山町有線ケーブルテレビ局（OYT）の石橋正昭主査をはじめ多くの方々に大変お世話になった。この場を借りてお礼申し上げる。

第二節　鳥取県における地域情報化の現状とCATVのネットワーク化

一　CATVの転換期

現在、放送をめぐる大変革期にあり、「放送ビッグバン」というべき状況にある。CATV事業への外資、大資本や異業種の参入、系列化などの動きに加えて、デジタル化、多チャンネル化さらには情報通信という新たな事業への展開など大きな転換期を迎えている。とりわけ一九九七年は、「放送デジタル化元年」ともいうべきターニングポイントとなる年であった。その意味するものは、三月に郵政省は地上波放送について、二〇〇〇年までに事業が開始できるようにするという方針を打ち出したこと、また、五月にはBS―4後発機のデジタル化に関する電監審答申が発表されたこと。さらに、六月にはPerfec TVが有料化本放送を開始したことにある。CATVについても、デジタル化に向けての実験が開始されるなど、放送のデジタル化に向けて一斉にスタートを切った年であった。山口秀夫によれば（山口、一九九七）、放送事業が当面する課題として、①デジタル化に必要な莫大な設備投資をいかにしてまかなうか、②デジタル化によって得られる多チャンネル伝送能力をいかに効果的に利用していくかにあると指摘している。

CATVも変革期を迎え、さまざまな意味で再編が迫られている。遠山廣(遠山、一九九七)によると、現状のCATV局の動向を大別すると、次の四つのパターンに分類できるとして、以下の分類を提示している。

①通信事業など新たな事業分野への展開を模索する局
②経営規模の拡大や広域エリア化を目指している局
③サービスエリア内の情報ネットワークとして充実を図る局
④事業開始後、経営の悪化により現状維持にとどまっている局

まず第一のパターンは、大資本の系列のCATV局やMSO傘下のCATV局と経営規模が比較的大きく赤字経営から黒字経営へと転換したCATV局と今後開局を予定している局である(MSO、製造メーカー、通信事業者などの系列の会社)。

第二のパターンは、経営基盤の安定や経営規模拡大のため、周辺市町村へエリア拡大を進めることにより、加入契約数を増加させ、急速に大規模化している局(地方の中都市地域でCATV放送をメインに、加入数を順調に伸ばしている)である。

第三のパターンは、地域コミュニティネットワークとしてCATVを実施している局で、第三セクターのうち自治体出資の大きいCATV会社やMPISの局など比較的小規模であるがエリア内普及率の高い局である。

第四のパターンは、地元資本を中心に経営規模が小さく、加入拡大も芳しくなくかつエリア拡大も積極的でないが、現状の設備の中で努力している局である。

第４図 鳥取県人口の推移

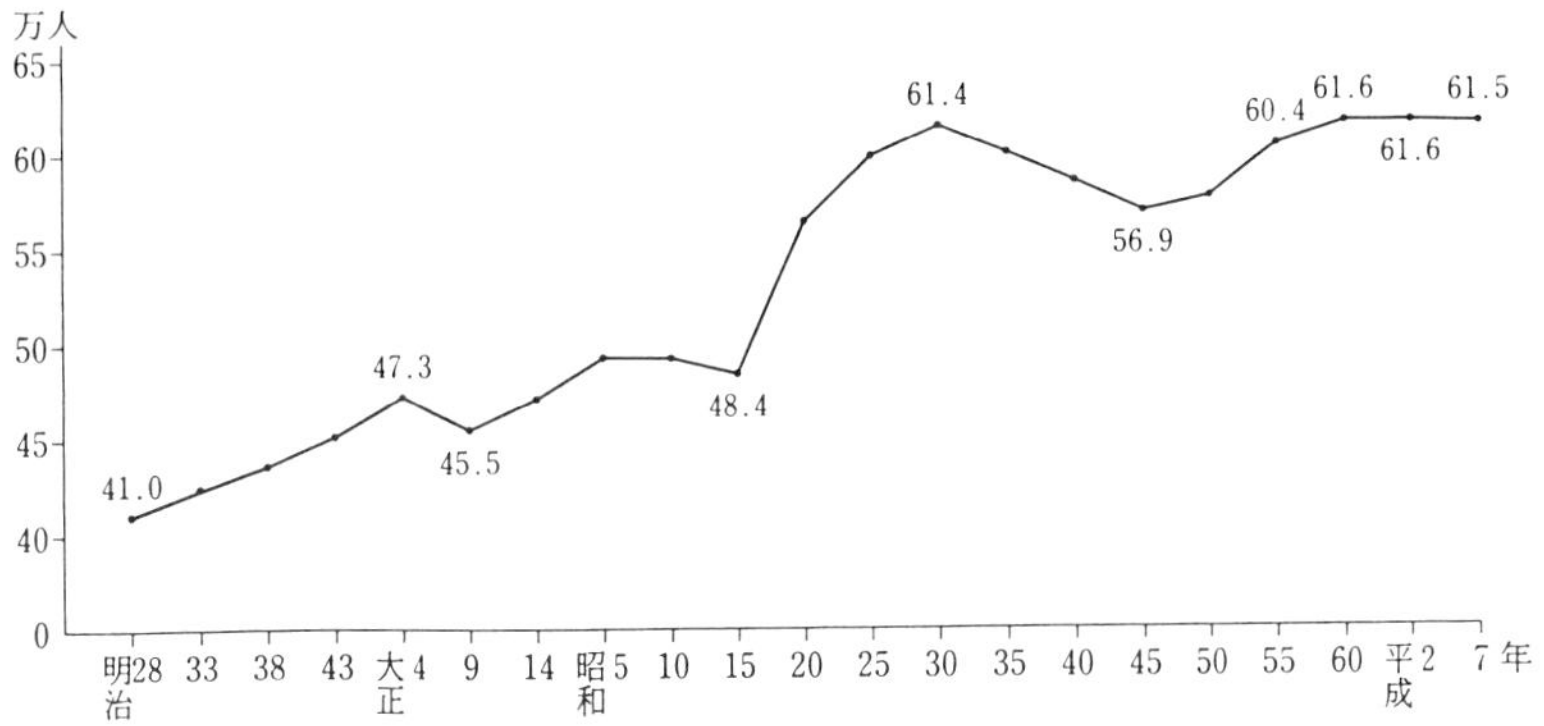

以上の四パターンをみると、次節以降考察の対象としている鳥取県内の自主放送を行なうＣＡＴＶは第二のパターンであり、農村型は第三のパターンであるということができる。それでは、鳥取県におけるＣＡＴＶの地域情報化への対応を考察する。

二 鳥取県の現状

(1) 豊かさ指標

経済企画庁が行っている九六年版の「新国民生活指標」(いわゆる「豊かさ指標」)によれば、生活評価軸別にみると、鳥取県は格差の少なさや社会のやさしさを表す「公正」で全国第二位となっている。活動領域別では、「育てる」と「遊ぶ」は第六位、「住む」は第七位など、多くの分野で全国の都道府県と比べて上位に位置付けられている。しかし、医療、保険、福祉サービスの状況を表す「癒す」は二三位、賃金、労働時間、就業機会、労働環境の状況を表す「費やす」では一八位となっている。生活評価軸別では「自由」が一九位となっている。しかし、いずれも全国の平均水準を下回るものではない。鳥取県では各指標を合計し、総合の順位をつけている。それによると、活動領域別では全国第七位、生活評価軸別では全国三位に位置し、データからすると、総じて暮らしやすい県であるといえる。ただ、情報化に対

第3表　鳥取県産業別就業人口推移予測

区　分	平成2年（1990年）		平成7年（1995年）		平成12年（2000年）		平成17年（2005年）		平成22年（2010年）	
	人口	構成比	人口	構成比	人口	構成比	人口	構成比	人口	構成比
	千人	%	千人	%	千人	%	千人	%	千人	%
全　産　業	322	100.0	321	100.0	321	100.0	316	100.0	307	100.0
第1次産業	52	16.1	48	15.0	44	13.7	40	12.7	36	11.7
第2次産業	99	30.8	100	31.2	103	32.1	101	32.0	95	30.9
第3次産業	171	53.0	173	53.9	174	54.2	175	55.4	176	57.3

する取り組みについては、これから述べるようにも決して早いものではなかった。だが、鳥取県では、地域情報化のパイオニア的存在としてのCATV局が実にユニークな試みにチャレンジをしている。

（2）人口推移

全国的に、東京圏など三大都市圏への人口集中は沈静化してきており、地方の中枢・中核都市への人口集中が進みつつある。鳥取県においても県境を越えた社会移動は安定化の傾向にあるが、県内における自然減の市町村が、一九八五年の三町から一九九四年の二八市町村へと年々拡大してきている。

わが国は、二〇一〇年前後には人口減少局面になるものと予測されている。鳥取県の人口は（第四図）の通り、一九五五年に六一四、二五九人をピークとして、それ以降は年平均〇・五％割合で減少している。これはいうまでもなく、高度成長期に、多数の労働力が関西及び首都圏に流出していった結果に他ならない。一九七〇年には五六万九千人まで落ち込んだものの、翌年から増加に転じている。これも、七〇年代は第一次及び第二次オイルショックという不況の時期で、都市の余剰労働力が地方にUターンをした時期である。その後、八八年に六一万六千人と史上最高のピークとなった。九〇年代に入って、人口は安定的状態にあるが、九五年には六一万四千人とわずかながらの減少がみられるようになった。しかし、今後は自然減少局面に入るものと予測される。

厚生省の将来人口推計によると、二〇一〇年までの人口は、六〇万八千人から六一万八千人の幅をもって推移するものと予想される。しかし、二〇一〇年以降は人口は減少に向かうものと予想されている。

年齢三区分では、年少人口（〇―一四歳）はやや増加するものの、生産年齢人口（一五―六四歳）は減少する。老年人口（六五歳―）は、今後さらに大幅に増加し、後期高齢者（七五歳以上）も増加すると見込まれる。二〇一〇年での各構成比は、年少人口一七・八％、生産年齢人口五八・九％、老年人口二三・三％となる見通しであり、人口の高齢化は加速度的に進行してゆく。

（3）就業人口

総人口は若干増加するものの高齢化の進行などにより、就業人口の減少が見込まれる。二〇一〇年の産業別就業者数は、一九九五年に比べて、第一次産業が一万二千人程度、第二次産業は五千人程度それぞれ減少するのに対して、第三次産業は三千人程度増加する見通しである。（第3表参照）。このように、特に第一次産業就業者の激減と第二次産業就業者の減少に対して、第三次産業就業者の伸びも多くない。鳥取県における産業構造の変革が迫られていると同時に、新たな産業の振興が大いに期待されるところである。

三　鳥取県の情報化の現状

（1）家庭の情報化及びインターネットの状況

一九九四年全国消費実態調査による鳥取県における主な情報通信機器の世帯への普及率は、パソコン一七・〇％（全国平均一六・六％）、ワープロ四四・二％（同四三・七％）、ファクシミリ九・〇％（同九・六％）となっている。こ

第4表 鳥取県の地域情報化構想指定

関係省庁	構想（施策）名	指定地域	指定年月
郵政省	テレトピア構想	鳥取市	一九八六年三月
		米子市、境港市	一九九〇年八月
		倉吉市	一九九二年九月
通商産業省	ニューメディア・コミュニティ構想	米子市、西部圏域市町村	一九八六年八月
	ハイビジョン・コミュニティ構想	青田町	一九九六年一〇月
建設省	インテリジェント・シティ構想	鳥取市	一九八七年三月
農林水産省	グリーントピア構想	大栄町、東伯町、赤碕町	一九八七年七月
自治省	コミュニティ・ネットワーク構想	米子市	一九九四年四月
	エメラルドNET（県境サミット）推進	日南町、西伯町、日野町、江府町、その他	一九九五年八月

鳥取県高度情報化推進計画より作成

のように、情報通信機器の世帯普及はほぼ全国水準を維持している。インターネットについてみると、公共団体、企業、個人のホームページの開設も増えてきている。調査時点でホームページを開設している自治体は、まだ半数には達していないものの、県内三九自治体のうち一六市町村となっていた。

インターネットの普及が速やかではないのには理由がある。その外的要因の一つはアクセスポイントの問題にある。インターネットの接続に必要な商用プロバイダーのアクセスポイントの推移を見ると九五年八月には米子市に一カ所あったにすぎなかったものが、九六年一二月には鳥取市に一三カ所、倉吉市に一カ所、米子市に四カ所と大幅に増加しており、インターネットに接続する環境が急激に変化している。その意味では、今後鳥取県においても、急速な普及が見込まれる。

（2）　地域情報化構想等の取組

鳥取県においては、県内各市町村が、国の各省庁の高度情報化に対応した地域情報化構想によるモデル地区の指定を受けるなどそれぞれの地域に合致した高度情報化への取組が行われてきている（第4表）。

まず、一九八〇年代では、郵政省のテレトピア構想が最も早く、鳥取市が八六年三月に指定を受けている。通産省のニューメディアコミュニティ構想では米子市、西部圏市町村が八六年八月に指定を受けている。建設省のインテリジェント・シティ構想では鳥取市が八七年三月に指定を受け、鳥取新都市つのいニュータウンの都市型CATV敷設や、ケーブル類地中化施設の整備を進めることをうたっていた。農水省のグリーントピア構想では、大栄町、東伯町、赤碕町が一九八七年七月に指定を受けている。これは、自主放送チャンネルを設けて農業・農村情報や生活情報などを提供したり、双方向性を生かしたデータ送信などを行うCATVの構築を進めるものである。

九〇年代に入ってからは、テレトピア構想で米子市、境港市（九〇年八月）、倉吉市（九二年九月）の二カ所が指定されている。自治省関係では、コミュニティ・ネットワーク構想では米子市が九四年四月に指定され、ICカードを利用して基本検診等の情報、乳幼児の発育経過等を記録させ、健康相談、診療支援、保健婦訪問派遣等に役立てるための地域カードシステムの構築を目指すことを目的としている。

エメラルドNET（県境サミット）の推進として、日南町、西伯町、日野町、江府町その他一市一〇町一村が九五年八月に指定され、鳥取県、島根県、岡山県及び広島県の県境にある一市一四町一村による地域交流の実施のため独

第5図　とりネットのホームページ

自に情報インフラを整備し、県境を越えて地域の連携、情報の発信を図り、森林都市圏の実現を目指すものである。

ハイビジョン・コミュニティ構想として青谷町が九六年一〇月に指定を受けている。これは、ハイビジョンを導入して青谷町の和紙産業の総合的な核施設を設立するものである。

（3）　市町村の情報化の状況

県内の三九市町村においては、情報機器の活用により様々な業務がシステム化されており、行政事務の効率化等が図られている。また、多くの市町村で、市町村自らによる、または第三セクターによる行政情報提供システム、防災情報システム、緊急通報システムなどの整備が進められている。

（4）県の情報化の状況

鳥取県においては、情報処理を効果的に行い、鳥取県、県内市町村及び県内の民間団体の情報化推進に側面から積極的に協力するための団体として、(財)鳥取県情報センターが、一九六九年三月に設立された。当財団法人の協力を得て、汎用コンピュータを利用した大量の定型業務の処理を効率化し、新しい情報通信処理技術を導入しながら、情報のより一層の有効活用を目指して高度情報化を推進してきた。

四　公共情報ネットワークシステム

（1）とりネット

鳥取県では一九九六年一一月六日から運用を開始している「とっとり公共情報ネットワークシステム（通称とりネット）」がある。このシステムの最大の特徴は、マルチメディア型の情報ネットワークシステムである。従来の文字中心のいわゆるパソコン通信型のネットワークシステムではなく、画像、音声データを含めたマルチメディア型のネットワークを構築している。(3)

マルチメディア型のネットワークということで、システムはＨＴＭＬ言語を利用している。そのため、利用者は、インターネットを利用する際、使用するブラウザー（閲覧ソフト）を使ってアクセスする。つまり、インターネットに接続するときと同様の設定をし、インターネットを利用するときと同様の操作により、このネットワークを利用できる。インターネットの利用者は、既に利用しているプロバイダーに加えて、もう一つ別のプロバイダーに接続するような設定をすれば利用が可能となり、簡単にアクセスが可能となる。

このネットワークは、①自宅から二四時間いつでも情報の入手、発信、意見等の表明が可能である。さらに、②県内のどこからでも三分一〇円の市内電話料金で情報を手に入れることができる。このように、「いつでも」、「どこからでも」、各自の必要な行政情報を入手できるのが「とりネット」である。

（2）　とりネットの特徴

とりネットの特徴をまとめると次の五点に集約される。

①提供する公共情報は、文字のほか画像データを取り入れたマルチメディア型である。技術的には、インターネットで標準となっているHTML言語で作成している。これにより、インターネットでの情報発信にもそのまま活用が可能である。

②県民と行政、県民と県民の間の情報伝達・交換が可能。

③アクセスポイント（接続地点）を県内五カ所に設置（県内均一アクセス料金）。

④現在このネットワークとは別に稼働している学習情報システムに接続し、そのシステムから検索した情報を入手することができる。これにより、各種のサークル情報、学習講座の情報、さらに家庭から県立図書館の蔵書検索を行うことが可能。

⑤九七年六月から、とりネットの情報をCATVを通して見るための実験が行われている。

最後の点は、次項で立ち入ってふれることになるが、日常生活に役立つ様々な公共情報が県内のCATVを通じ、お茶の間のテレビでも見ることができ、多くの県民に公共情報を伝えることが可能となっている。現在、パソコンが急速に各家庭に普及しつつある状況にあるとはいえ、誰でもがパソコンのネットワークを利用できる環境にはない。

第5表　鳥取県内のケーブルテレビの普及状況（1996年12月現在）

類型	CATV局	設立年	サービスエリア	加入世帯	チャンネル数
都市型	中海テレビ放送	89年4月	米子市	9,946	37CH
	日本海ケーブルネットワーク	92年6月	鳥取市，倉吉市	9,143	35CH
農村型	ケーブルテレビ東ほうき	95年4月	羽合町，東郷町，北条町	5,383	13CH
	グリーンネット東伯	96年7月	東伯町，大栄町	4,508	18CH
	鬼の里テレビ溝口	97年4月	溝口町	1,479	9CH

鳥取県ケーブルテレビ連絡協議会資料より作成

その点、ＣＡＴＶというＴＶ放送を通じて多くの人が情報を入手できることは極めて重要なことである。

（３）　システムのメニュー

①マルチメディア型情報提供／県からの情報提供画面は文字、画像、音声に対応したマルチメディア型のものである。主なメニューとして、山陰夢・みなと博覧会情報、各課からの情報、お知らせを集めた「県庁探検隊」、鳥取県の観光情報を載せた「とっとり新発見」など、様々な行政情報を提供している。また、「生涯学習情報システム」の情報を検索できる。

②情報伝達（電子メール）／県政に対する意見・提言を行うことができる。また、会員同士で情報・データのやりとりができる。

③情報交換（情報掲示板）／特定のテーマに対する情報交換の場を提供し、意見を投稿することができる。

（４）　今後の取り組み

このとりネットにより、県内五カ所にあるアクセスポイントを利用して、県内の誰もが同じ条件で公共情報にアクセスできるようになった。しかし、昨今のインターネットの爆発的ともいえる普及状況を考えると、この「とりネット」の利用を促進させてゆく上にもインターネット接続は今後の課題になる。県内のNTTの電話区域は、県庁所在地の鳥取市を中心とした東部、商業都市の米子市を中心とした西部、県の中央部に位置する倉吉市を中心とした中部、さらに東部の南に位置する八頭地区、西部の南に位置する日野地区の五カ所ある。インターネットのアクセスポイントは東部、西部に集中している。中部、八頭においては、わずかに一、二社、日野地区においては、アクセスポイントは調査時点ではなかった。こうした状況において今後とりネットのアクセスポイントをインターネット利用者にも開放し、県内どこに住んでいても市内電話料金でそれが活用できるように検討している。また、セキュリティ対策や民間プロバイダーとの認証代行問題を総合的に検討する必要があると考える。

五　ケーブルテレビのネットワーク化

（1）　鳥取県内のケーブルテレビ

ケーブルテレビには、大きく分けると都市型ケーブルテレビと農村型ケーブルテレビとがある。都市型ケーブルテレビは鳥取県においては、第三セクターである二社が鳥取市、倉吉市と米子市でそれぞれ放送サービスしている。九六年九月末現在の県内全世帯に対する都市型ケーブルテレビの普及率は八・四％である。これは全国の普及率七・六％に比較してやや高い普及率となっている。都市型CATVは鳥取県の二大都市である鳥取市と米子市で立ち上がっている。しかし、県内最初のケーブルテレビ局である「中海テレビ放送」が八九年にスタートして、他の四局については九〇年代になってからのスタートとなっており、CATVの立ち上がりは他県に比較して決して早いとはいえない状況である。

他方、農村の活性化を目的としている農村型ケーブルテレビは、九六年一二月末現在三町で開局しており、九七年

第6表 農村型CATVの実施状況

1997年3月

事業名		農業構造改善事業					農村総合整備事業	備考
市町村名		羽合町	東郷町	北条町	東伯町	大栄町	溝口町	
管理主体		HCV「株式会社ケーブルビジョンの東ほうき」			TCB「東伯地区有線放送株式会社（グリーンネット東伯）」		MCT「鬼の里テレビ溝口」	溝口町は町直営
総戸数（戸）		2,252	1,837	2,246	3,344	2,463	1,540	
農家戸数（戸）		744	959	1,054	1,431	1,107	921	
加入戸数（戸）		1,915	1,771	2,206	2,502	1,916	1,395	
加入率（%）		85	96	88	75	78	91	
利用料（円/月）		0	1,20	1,200	1,500	1,500	1,000	
総事業費（千円）		1,166,822	795,495	712,695	2,340,457	1,569,285	921,853	
補助対象事業費		1,128,910	790,000	706,412	2,287,142	1,541,168	898,000	
国庫補助金		564,454	395,000	353,206	1,143,571	770,584	449,000	
事業内容	自主放送	1波（含気象）	1波（含気象）	1波（含気象）	2波（自主，気象）	2波（自主，気象）	1波（自主）	
	再送信	区域内 5波 区域外 2波 衛星放送 3波 FM 2波	区域内 5波 区域外 2波 衛星放送 3波 FM 2波	区域内 5波 区域外 2波 衛星放送 3波 FM 2波	区域内 5波 区域外 2波 衛星放送 7波 FM 2波	区域内 5波 区域外 2波 衛星放送 7波 FM 2波	区域内 5波 衛星放送 3波 FM 2波	
	音声告知	加入者のみ	加入者のみ	加入者のみ	全戸	全戸	加入者のみ	
	ファックス	集落役員等（下り） 88戸	集落役員等（下り） 186戸	集落役員等（下り） 79戸	農家等（双方向） 1,515戸	農家等（双方向） 1,166戸	集落役員等（下り） 96戸	
	気象観測	2カ所	3カ所	2カ所	4カ所	4カ所		
	その他	屋外拡声	屋外拡声 30	屋外拡声	屋外拡声 20 畜舎等監視 配水池監視	屋外拡声 9		
開局時期		94.12	97.3	97.3	96.6	96.6	97.4	

四月にはさらに三町で開局している（第6表）。都市型ケーブルテレビと農村型ケーブルテレビを合わせた全世帯に対する普及率は九六年一二月末現在で一二・四％となっている。さらに、一九九七年四月には、ＣＡＴＶ県内加入世帯数は三〇、四五九世帯となり、県内普及率は一六・八％となる。鳥取県の「第七次総合計画」では、ケーブルテレビの県内普及率を三〇％に目標設定している。

（２）　とりネットのＣＡＴＶでの放送について

(イ)　鳥取県ケーブルテレビ連絡協議会

ＣＡＴＶは装置産業でもある。事業を始めるには、多額の資本の投下が必要であり、各家庭まで有線ケーブルを張りめぐらさなければならない。しかも、その伝送路の保守管理やバックアップ体制などの施設管理に手間がかかる。さらに、番組制作における相互の交流関係等々いずれの分野をとっても共通する課題が山積している。これらの問題は、ある一つのＣＡＴＶ一社の問題ではなく、各社共通の課題でもあり、事業者が一体となって取り組む必要がある。

他方、マルチメディアが具体化する中でＣＡＴＶのもつ大伝送容量と双方向性が見直され、マルチメディア時代の中核的情報通信インフラとして期待されている。例えば、市町村というような狭い地域の単位から、県域というような広い地域へとネットワークの広域化ニーズが高まっている。

そうした背景を受けて、県内におけるケーブルテレビの普及促進と広域ネットワーク構築を目指して鳥取県ケーブルテレビ連絡協議会は、県内のＣＡＴＶ五社などで九六年一二月に設立された。事務局は、日本海ケーブルテレビ（ＮＣＮ）におかれている。

九七年度事業計画として次の五つを掲げている。①広域ネットワーク化事業（ＣＡＴＶによる全県ネットワーク構築

について の調査、研究等）、②番組共同製作及び放送支援事業（公共情報のCATV放送番組への導入についての研究等）、③共同研究及び実験事業（インターネット、デジタル化、ネットワーク接続等）、④関係機関との調整（CATVの各種助成事業の調査研究及び導入支援等）、⑤研修、交流事業（CATV技術、放送、通信サービスについての情報交流等）

(ロ)　とりネットのCATV放送実験の概要

実験は二段階に分かれており、システム開発実験（九七年六月一日―七月三一日）とシステム運用実験（九七年八月一日―一二月三一日）である（第7表）。

第7表　「とりネット」のCATVを通じての放送実験スケジュール

システム開発実験（九七年六月一日―七月三一日）
■開発に必要なハード、ソフトを整備し、以下の実験放送を行いながらシステム開発を実施する ・とりネットの公共情報からテレビ放送用画面に手直しする ・テレビ放送用画面を県内各CATV局が自由にアクセスできるサーバーに蓄積する ・CATV局からサーバーにアクセスし、テレビ放送用画面を取り込む ・取り込んだテレビ放送用画面を各局の番組編成に応じ、放送順序、放送時間等を設定する ・編成したテレビ放送用画面を自動送出装置に送り、設定した時間に放送する
システム運用実験（九七年八月一日―一二月三一日）
■県内各CATV局が共同利用するためシステム運用について研究 ・視聴者ニーズに適した公共情報のカテゴリーについての研究 ・テレビ放送用画面作成技術の習得と効率的な運用についての研究 ・各CATV局のニーズに適したテレビ放送用画面の蓄積サーバーの効率的な運用についての研究 ・データー更新の確認連絡体制についての検討

システム開発実験とは、開発に必要なハードウェア、ソフトウェアを整備し、以下の実験放送を行いながらシステム開発を実施する。これは日本海ケーブルネットワークが担当している。後半のシステム運用実験は、連絡協議会のCATV三局が参加し、各CATV局が共同利用するためシステム運用について研究し、情報の本放送を開始した。これまでパソコンでしか取り出せなかった県の「とりネット」の情報、イベント、観光、行政情報などをCATV画面で知ることができる全国で初めての試みである。

放送を始めたのは「日本海ケーブルネットワーク鳥取放送センター」「東伯地区有線放送」「ケーブルビジョン東ほうき」の三局で、インターネット仕様となっている「とりネット」のホームページ画面をテレビに取り込み、放送画面用に編成して、それぞれの局が放映する。県企画部、県情報センターの協力を得て運用実験を行った。実験放送の対象となる公共情報は県庁を紹介する「県庁探索隊」、県内の催しを案内する「県民学習ネット」の二種類、県庁各部局の仕事内容や各市町村の催しなどの情報を一五分間の番組にまとめ、毎日午前一〇時半、午後一時半、同六時半、同一一時半の四回リピート放送する。

これによって「とりネット」の公共情報放送が鳥取の一部、東郷、羽合、北条、東伯、大栄町のCATVで視聴できるようになった。視聴可能世帯数は約二万三千世帯。このほか、「日本海ケーブルネットワーク倉吉放送センター」「鬼の里テレビ溝口」「中海テレビ放送」の県内三局が導入検討中で、完了すれば「とりネット」による全県CATVネットワークが完成する。

(八)　システムの運用効果

このようなシステムの運用効果として次の三点が考えられる。

①日常生活に役立つ様々な公共情報が県内のCATV局を通じ、お茶の間のテレビでも見ることが可能で、多くの県

第6図　とりネットを活用した公共情報のCATV放送システム
パソコンがなくても，CATVの放送番組で公共情報画面を
読むことができるシステムです．

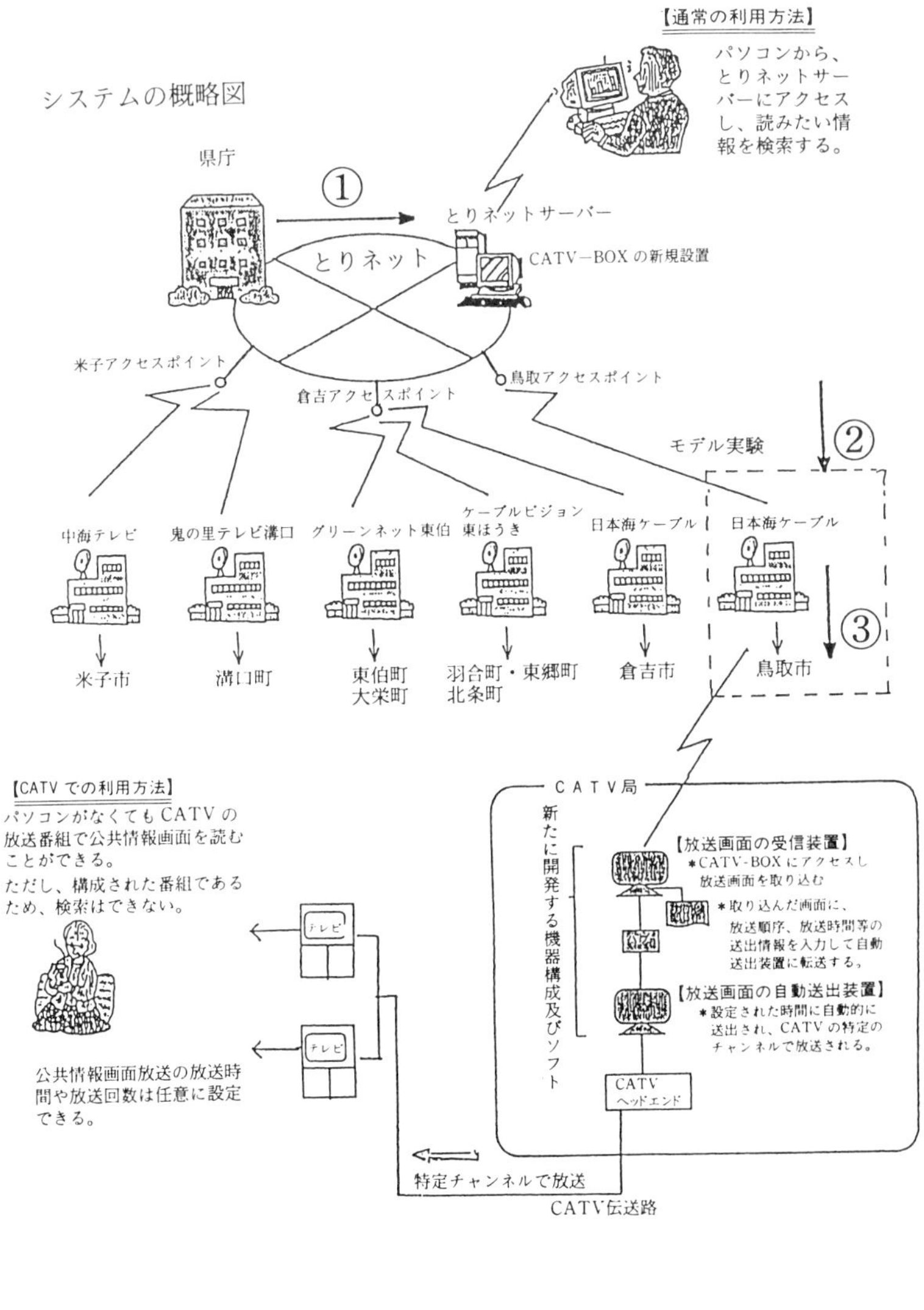
【通常の利用方法】
パソコンから、とりネットサーバーにアクセスし、読みたい情報を検索する。
システムの概略図
県庁
①
とりネットサーバー
とりネット
CATV－BOXの新規設置
米子アクセスポイント
倉吉アクセスポイント
鳥取アクセスポイント
モデル実験
②
中海テレビ
鬼の里テレビ溝口
グリーンネット東伯
ケーブルビジョン東ほうき
日本海ケーブル
日本海ケーブル
③
米子市
溝口町
東伯町
大栄町
羽合町・東郷町
北条町
倉吉市
鳥取市
【CATVでの利用方法】
パソコンがなくてもCATVの放送番組で公共情報画面を読むことができる。
ただし、構成された番組であるため、検索はできない。
公共情報画面放送の放送時間や放送回数は任意に設定できる。
テレビ
テレビ
CATV局
新たに開発する機器構成及びソフト
【放送画面の受信装置】
＊CATV-BOXにアクセスし放送画面を取り込む
＊取り込んだ画面に、放送順序、放送時間等の送出情報を入力して自動送出装置に転送する。
【放送画面の自動送出装置】
＊設定された時間に自動的に送出され、CATVの特定のチャンネルで放送される。
CATV
ヘッドエンド
特定チャンネルで放送
CATV伝送路

民に公共情報を伝えることができる。
②より多くの県民が「とりネット」に接する機会が増え、「とりネット」の利用促進につながる。
③「多チャンネルの地域情報放送システム」というCATVの基本的な特性を活用し公共情報と県内各CATV局が放送番組でネットワークされる画期的なシステムで、今後の地域情報化促進に大きく寄与する。

今回の事業は、県とCATV会社側の両者の思惑が一致した時点に成立した事業といえる。まず、県側としては、従来のパソコン通信の「とりネット」の利用者は一日三〇件程で、さほど多くないのが実状だ。広く県民が利用してこそ、公共情報ネットワークになる。時代は情報のデマンドシステムといわれるが、広く行き渡っているとはいえない。そこで、CATVを通じて広く「とりネット」の情報を見やすくすることは、実質的な「とりネット」の利用者が増えることでもあり、プラスとなる。

他方、CATV側としては、CATVの一つの使命として地域情報の伝達がある。その地域情報の中で、行政の有している情報は大きな位置を占めている。その意味で、CATVは行政情報を視聴者に提供することによって、使命の一端を果たすと共に、視聴者ニーズに答えようとするものである。以上のことから、県側にとっても、CATV側にとっても利害の一致した事業といえる。

㈡　今後の展開

今回の実験は、現在お茶の間の情報端末機器の主役である「テレビ」を使い、県内各CATV局が「とりネット」の公共情報というコンテンツ（情報の中身）により県域レベルでの放送型ネットワークを構築するシステムの開発と運用の実験である。

今後は、パソコン利用者の拡大に伴い「とりネット」や「インターネット」の活用が促進され、CATV加入者のニーズも放送受信型から情報検索型へと移行することが考えられる。

多様化するニーズに対応するため、今回開発するシステムの実験的な運用の中で蓄積するデータとノウハウを基礎に、次のステップは検索型サービス開発へと展開していくことが課題となっている。

検索型サービスとしては、現在、「データ多重放送」と呼ばれる情報選択機能を伴う放送型システムや、ＣＡＴＶケーブルを高速通信回線として活用するいわゆる「ＣＡＴＶインターネット」と呼ばれる双方向検索型システムなどがあり、利用者の様々なニーズに適したシステムを活用できる環境を整備するため、今回の実験と並行して協議会で共同研究していく計画である。

第7図　せいぶ圏広域情報ネットワーク

六　ＣＡＴＶの広域ネットワーク化の方向性

鳥取県をフィールドとして、ＣＡＴＶのネットワーク化の動きを考察してきた。このような、広域的ネットワーク化の方向性を最後にまとめてみよう。

第一のネットワーク化の方向性は、日本海ケーブルテレビネットワークが中心となって進めている。鳥取県ケーブルテレビ連絡協議会を場とした鳥取県内ＣＡＴＶの広域的連携の動きである。とりネットのＣＡＴＶでの放送も、実験期間中に「グリーンネット東伯」が九七年一一月より実験に参加している。そして、九八年の一月五日より本格運用に切り替わ

第8表　広域情報ネットワークのサービス内容

区分	情報内容	サービス内容	市町村	ブロック	せいぶ圏
放送系サービス	テレビ同時再送信サービス	地元局（NHK－2、民放－3）及び区域外（朝日放・サンテレビ等）を再送信する		○	
	放送自主放送サービス	地域のニュース・イベント、生活・行政情報を自主制作し放映する	○	○	○
	衛星放送サービス（BS・CS）	BS放送、CS放送（映画・スポーツ・ニュース等）を専門チャンネルとして放映する		○	
	気象放送サービス	地域に気象ロボットを設置し、きめ細かな予報・予測を専門チャンネルとして放映する		○	
	告知放送サービス	役場・農協・学校・区長宅等から音声により緊急放送や連絡放送を行う	○	○	
	多重情報検索サービス	見たい人が見たい時に、行政・生活関連情報をリクエスト方式により視聴できる		○	
監視系サービス	施設監視・制御サービス	河川・ハウス・畜舎等の監視・制御を映像、センサーにて行う		○	
	自動検針サービス	電気・水道・ガス等の自動検針を行う		○	
通信系サービス	在宅医療支援サービス	老人・患者宅と医療機関を映像で結び遠隔医療を行う	○	○	○
	在宅健康管理サービス	老人宅に血圧・心電図等の測定端末を置き医療機関もしくは行政で健康管理を行う	○	○	○
	ホームセキュリティサービス	警備会社と連携し、各家庭に設置する防犯センサーにて集中監視を行う			○
	学校間放送サービス	地域内の学校を映像で結び交換授業を行う	○	○	○
	情報ネットワークサービス	CATV網を利用し、パソコンネット・インターネット等を行う			○
	通話サービス	NTT回線とは別の独自のシステムにより通話・FAXを行う			○

っている。また、同日より、「ケーブルテレビ東ほうき」も参加している。さらに、「中海テレビ放送」も参加する意向だと聞いている。このような、いわば県内のネットワーク化の方向性である。

他方、第二のネットワーク化については、鳥取県のCATVのパイオニア的存在である、「中海テレビ放送」でさまざまな試みを行っている。(4) その一つとして「鳥取せいぶ圏地域情報化基本構想」というものがあり、平成九年三月にせいぶ圏農業・農村連携システム推進機構の農村活性推進班・CATVプロジェクトチームによって作成された。米子市を中心とする、鳥取県西部地域という広域行政圏を、CATVを通じてネットワーク化しようとするものである。

広域情報ネットワークは圏内を四つのブロックに分け、より地域に密着した情報基盤の構築を提案している。第7図のようにせいぶ圏の二市、一一町、一村の計一四自治体を三ないし四自治体ずつに分けている。そして、CATV網を活用し、施設の相互接続を図りネットワーク化をすることにより第8表のようなサービスの提供を構想している。

この広域情報ネットワークの中核的施設として「中海テレビ放送」が位置している。それはちょうど、大分県でみた大分ケーブルテレビのストラテジーとも共通したものがある。さらに、もう一つ別な方向性を持ったネットワーク化が進行している。この現場に、私たち研究班も立ち会うことになったのが、いわば、県外のCATVのネットワーク化である。県外のネットワークをどのように行うかといえば、それはSNGの活用である。九七年九月八日、島根、大分、高知、岐阜の四知事が、通信衛星を使ったテレビ会議方式で「二一世紀の地域づくりと情報化」と題するフォーラムを松江市で開いた。この一時間半に及ぶ衛星フォーラムは、全国約二千の自治体やCATV約一〇〇局に生中継された。まさに今回の企画に携わったサテライトコミュニケーションズの高橋孝之代表（中海テレビ放送常務）

は「ケーブルテレビのネットワークをつくれば、山陰も情報の発信の拠点となることが証明できた」（朝日新聞九月九日付記事）と述べているように、地域を越えたCATV同士のネットワークの試みが益々重要になっている。

また、全国的にみても、「広域エリア化」を目指す動きはわれわれ研究プロジェクトの調査した大分、鳥取以外にも、岡山県をはじめ四国や上越市でも同様な動きが始まっている。四国では、四国地区のCATV一二局をネットワーク化してインターネット高速接続実験等を行う「四国CATVネット準備会」が九七年一月発足した。これは、CATV事業をさらに発展させ、四国地域の情報化推進に寄与するため、四国内のCATV事業者が中心となって、CATV網を双方向・大容量の情報通信インフラをして利用する新しいサービスの実用化を目指した実験を行うべく結成されたもので、四国四県が一体となって取り組む、全国でも例を見ない広範囲なフィールド実験となる。構成メンバーは愛媛シーエーティヴィ、ケーブルメディア四国、ケーブルテレビ徳島、高知ケーブルテレビ、香川テレビ放送網、中讃ケーブルテレビジョン、宇和島ケーブルテレビ、新居浜テレビネットワーク、須崎ケーブルテレビ、今治シーエーティブイ、ケーブルネットワーク西瀬戸、八西地域総合情報センターのケーブルテレビ事業者一二社（総加入者数約一一万世帯）と、四国電力、四国情報通信ネットワーク、KDD、三菱総合研究所の各社というものである。

他方、新潟県上越市で九七年二月にCATVを利用した情報通信サービスの可能性を探るための実験推進団体「上越CATV情報ハイウェイ実験協議会」が設立した。計画では、上越市を中心としたエリアを持つ上越ケーブルテレビジョン（JCV）のCATV回線を利用して、高速回線のインターネット接続実験等を行うというものである。

一都市一事業者の規制緩和により、既存CATV事業者の隣接市町村へのエリア拡大が容易に可能となってきた。このことにより、CATV局の大規模エリア化に拍車がかかり、従来経営的に困難と思われてきた隣接市町村地域へもCATV事業が広がってきている。通信事業への展開を模索する局の中には、CATV局同士が連携をとりCAT

V網の広域化を目指している局が台頭してきている。これはいうまでもなく、MSOという外資系の大型資本による系列化に対抗する地方CATV事業者の動きと捉えることもできるが、CATVのネットワーク事業の観点からすると当然のことでもある。しかし、このような動きに拍車がかかることにより、地域に根ざしたというこれまでのCATVの性格がどのように変質してゆくのかについては、今後注意深く見守る必要がある。(5)

【追記】

鳥取県調査に当たっては、鳥取県庁、日本海ケーブルテレビ（NCN）、中海テレビ放送（CCO）、ケーブルテレビ東ほうき（HCV）、グリーンネット東伯（TCB）のみなさんには大変お世話になった。改めてお礼を申し上げる。

第三節　石川県の農村情報化の現状とMPIS

はじめに

今日では地域情報化に対して、全国どこの自治体でも取り組まれていることであるが、その取り組みの姿勢には温度差というものがあり、新たな地域間格差が出現しはじめているともいえる。本来、情報化は住民サービスの向上や地域活性化を進め、地域間格差を是正するツールとして導入されるべきものだが、それが逆に地域間格差を生み出す原因ともなっている側面がある。

郵政省の実施した調査でも、過疎地と都市部とを一〇年前の状況と比較すると情報格差が広がっていることが明らかとなっている。国土庁が過疎地指定した一、二〇八（調査時点）市町村を見ると、情報化指数は一〇年前の二・一一倍に伸びていた。しかし、過疎地以外の地域は二・三四倍の伸び率と過疎地を上回る率となった。この一〇年で全国的に情報化は進んだものの、大都市圏の方がスピードが速く、過疎地との情報格差はむしろ広がっていることが裏付けられた。

情報化への対応の遅れの原因はどこにあるのだろうか。自治体における情報化への対応が遅れる原因には次の四点があるとされている。(6) ①情報化施策の優先順位が他の施策と比べて低いこと。②情報化に関し、専管的に計画策定・事業実施を所管する組織、部署がないこと。③情報化施策が他の施策に比べてその効果が不明確であるなど推進する上での論拠に乏しいこと。④情報化を推進するための人材が不足しているなどの理由が挙げられる。

これまでの地域開発は中央から地方へという一定の方向を常に持って広がってきた経緯がある。ある面では、情報化についても例外とは言い難く、大都市圏において地域情報化が進み、過疎地域で情報化が遅れがちとなることは既に指摘した。また既存の研究では、情報化は財政力・経済力との相関があることも明らかになっている。しかし、同時に情報化は両義性をもったものであり、中央・地方という関係を組み換えるモメントにもなりうるものでもある。ここで取り上げる石川県の二つの地域事例もそれを物語っている。

一 情報化の行政施策

(1) 情報化への国の施策

情報化とりわけ地域情報化を考える上で、一九九〇年代の国の情報化施策をみておきたい。(7)

一九九四年(平成六年)八月に「高度情報通信社会推進本部」が内閣総理大臣を本部長として設置された。一九九五年二月には政府により二一世紀の「高度情報通信社会推進に向けた基本方針」が策定され、各種情報化施策の充実を図るとともに、「高度情報通信社会の構築は二〇〇〇年までを先行整備期間とし、光ファイバー網は二〇一〇年を念頭において早期の全国整備を目指す」とした基本方針を示している。その中で政府は、国民誰もが充実した公共サービスを享受できるよう、主要な分野における情報化の先進的取り組みを進めることを明らかにしている。さらに八月には、関係各省庁より公共六分野の「実施指針」が策定され、施策の展開が図られている。また、一九九七年（平成九年）一一月に「二一世紀を切りひらく緊急経済対策」において光ファイバー網の全国整備を二〇〇五年への前倒し実現に向けて、民間事業者の活力を生かし、できるだけ早期に実現できるよう努力する旨がもりこまれている。

さらに、九九年には高度情報通信社会推進本部は、「基本方針」に基づき、政府が取り組むべき課題をまとめた「アクション・プラン」（行動計画）を決定した。同プランは①民間主導、②政府の環境整備、③国際的合意形成に向けたイニシアチブ（主導権）発揮――という行動三原則をうたい、①電子商取引の本格的普及、②公共分野の情報化、③高度情報通信インフラ（基盤）整備などの三つを目標に掲げている。

次に、各省庁の取り組みをみておく。

まず、郵政省においては一九九四年五月の電通審答申「二一世紀の知的社会への改革に向けて」を皮切りとして、一九九七年（平成九年）に電気通信審議会が「情報通信二一世紀ビジョン」を答申し、二一世紀に向けて推進すべき情報通信政策を示した。通信、放送各分野の規制緩和を行い、第二次情報通信改革を推進し、先進的なネットワークインフラ整備やアプリケーション開発を進めることにより、産業経済や国民生活へ活力を与えていくという方向性で情報化の包括的な政策を提言している。

通商産業省においては一九九四年（平成六年）に「高度情報化プログラム」と題する情報化プログラムをいち早く示し、教育、研究、医療・福祉、行政、図書館の公共五分野について具体的プログラムを示し、情報化を推進してい

第9表「いしかわマルチメディアスーパーハイウェイ」

区分		モデル実験	本格運用
サービスメディア	音声系	・スクールネット（5／1～）	・電話、FAX
	データ系	・農業情報システム（3／1～） ・生涯学習情報システム（4／1～） ・図書館情報ネットワークシステム（3／2～） ・視覚障害者情報ネットワークシステム（4／1～） （・県域へ拡大した庁内LAN）	上記のシステムのほか ・モデル実験の五システム ・財務会計システム ・保健所情報システム ・緊急医療情報システム ・市町村WAN　など八〇システム
	映像系		・県民テレビ会議システム（同時四八接続）

る。

　また、建設省においても、一九九七年（平成九年）に「情報通信ネットワークビジョン」を策定した。二〇一〇年に向けた収容空間、公共施設管理用光ファイバー等情報通信ネットワークの整備、その経済効果などを試算し、示している。また、地域における民間通信業者の事業展開状況等に配慮し、地方公共団体の管理する区間も含めた面的・即地的な地域情報通信ネットワークプランを策定するため、各地方ブロックにおいて地域情報通信ネットワークプラン検討協議会を設立し、検討を進めている。

　自治省においては一九九七年（平成九年）に「高度情報通信社会に対応した地域情報化の推進に関する指針につい

て」という新指針を公表し、地域からの積極的な情報発信、広域的な情報化施策、人にやさしいバリアフリーな情報化、地域間の情報通信格差是正等の四つの方向性を示し、それらを中心に情報化を推進している。

今後各地方公共団体において、こうした中央省庁の情報化の方針と地域のニーズをマッチングさせて地域分野の情報化、行政分野での情報化の動きが活発化すると考えられる。

（2）　石川県の情報化政策

石川県の地域特性として、簡単に三点のみ指摘しておこう。第一に加賀百万石の時代から九谷焼などに代表される文化風土である。地域に根ざした文化や芸術を創造し、全国へ発信してきたという文化的風土がある。第二に交流の拠点性である。国内的にはほぼ国土の中央に位置し、東京、大阪、名古屋の三大都市圏に近接しており、江戸時代には北前船による全国的な人とものの交流の拠点でもあった。第三に、自然環境や観光資源についても、全国に誇るべき資源に恵まれている。このように石川県は「文化、芸術を創造してきた伝統があり、その文化を全国へ広めることにより人やものが交流する〝文化交流都市〟としての歴史的特性を持っている」（『二一世紀情報化推進プラン』）のである。

しかし、以上のような潜在的可能性を秘めながらも、産業社会においては、それらを阻む阻害要因も存在した。石川県は南北に長く、高速交通網の整備も途上にあることから、人口・産業の金沢一極集中傾向が著しく、能登地域や白山麓地域等における就業機会の創造等が喫緊の課題となっていた。情報化を活用した新たな地域振興策の展開が遅れていた。(8)

しかし、本節の冒頭でも触れたように、情報化というモメントには両義性があり、後発はいつでも後発ではなく、一挙に先進になりうる可能性を秘めている。現在、石川県では、「いしかわマルチメディアスーパーハイウェイ（I

MS）モデル実験」を開始している。県内通信料金の地域格差を解消し、豊富な情報を伝えるための通信基盤となる「いしかわマルチメディアスーパーハイウェイ」[9]の構築に取り組んでいる。その本格運用に先立ち、一九九九年三月から輪島、小松、金沢にアクセスポイントを設置し、「図書館情報ネットワークシステム」や「農業情報システム」など五システムによるモデル実験を開始している（第9表）。これらのシステムは、二〇〇三年度の本格運用を目指している。

二 MPISの概要

地域の情報化過程については、①土着型、②国の政策中心型、③自治体、④公共団体主導型、住民主体型の大きく四つのタイプに分類される[10]。本節第一項で述べた施策は、「国の政策中心型」といわれるものである。ここで取り上げるMPISについては、農水省の事業に関わるものではあるが、「事業発足後においては、自治体や公共団体が独自に事業を進めていることを考慮すれば、ここでは自治体・公共団体主導型と位置づけておきたい」として、MPISを自治体・公共団体主導型の一つの典型とみることが可能である。

（1） 目的と役割

農村MPISとはMulti Purpose Information Systemの略で日本語としては「農村多元情報システム」と呼称している。基本的にはCATVの高度利用システム施設である。「CATVの仕組みを発展させて、農村の生産・生活にかかるすべての面で多元的に情報を提供しようとする地域情報システムである」。現在、自主放送を行うケーブルテレビの施設数は九七三（九八年三月末現在）であり、その中で農村型MPISは全国で六八施設（九七年八月現在）ほどが運用中である。

ＣＡＴＶの施設については、自ら施設を設置所有することが原則となっているため、多額の資金を必要とする事業である。ＣＡＴＶ事業の経営も、その半数が開局五年未満で、六割が経常赤字・累積赤字となっているなど、人口過密な大都市部を除くとＣＡＴＶ事業は経営的に苦しいのが実状である。そのため、ＣＡＴＶ事業は、採算性のある都市部においては進展をみるものの、農村部においては立ち後れる傾向にあり、都市と農村との格差が情報面でも拡大することが懸念される。

そこで、当時の農林省では農村の情報化について取り組みをはじめた。農水省が農山村地域へ国の助成によってＣＡＴＶを普及するに当たって、その導入を指導する専門機関として(社)日本農村情報システム協会が一九七五年に設立された。

それでは、農村ＭＰＩＳの役割はどこにあるのだろうか。システム協会では次の五点をあげている。

①地域情報の提供媒体…住民相互間の情報交流
②行政の広報・公聴媒体…住民の行政への参加
③情報サービスの提供媒体…情報通信基盤施設としてのＣＡＴＶ
④地域情報の受発信媒体…通信衛星の利用…都市との交流
⑤農業施設の監視・制御システム

上記の役割のうち、①、②は地域活性化の役割であり、③、④は環境の整備の役割であり、⑤は生産性の向上という役割となっている。このように農村ＭＰＩＳのサービスは、いわゆる都市型の多チャンネルＣＡＴＶとは異なる機能を担い、文字通りに多目的に活用されている。

（２）　情報サービス

第10表　農村ＭＰＩＳの情報サービスメニュー

	サービス	内容
1	自主放送	同時再送信以外の放送で、主として生活情報等の自主制作番組や農業気象情報等を放送する
2	同時再送信	ＮＨＫ、民放等放送局からの放送を受信し、再送信するものである
3	衛星放送	ＢＳ放送、ＣＳ放送の衛星放送局からの電波を受信し再送信する
4	音声告知システム	役場、農協、学校等から音声信号にてお知らせや緊急放送を行う。子局、孫局からの放送も可
5	文書伝送（ＦＡＸ）	音声告知放送設備の親局、子局から文書等を伝送する
6	屋外拡声システム	音声告知放送の放送を屋外へスピーカーにて放送する
7	農業気象情報システム	施設エリア内に数カ所の観測拠点を設け、温度、風向、雨量等のデータを観測し、同時に画像にて放送を行う
8	水位観測システム	貯水池、ダム、河川、配水池等の水位をセンターにて観測する
9	市況情報システム	センターに設置するホストコンピュータと末端のパソコンをネットワークで結び市況等のデータを得る
10	ＩＴＶ監視システム	農業施設等をＩＴＶカメラにより遠隔監視をする
11	農業情報ネットワークシステム	ＣＡＴＶ伝送路を利用したパソコン通信等による農業情報ネットワークシステム
12	在宅健康管理システム	加入者から医療機関に健康データを送受信する事により加入者は在宅のまま健康管理サービスを受けることができる
13	有線電話システム	伝送路網の双方向機能を利用して音声告知放送機能の通信型サービス（電話・ＦＡＸなど）を行う

（日本農業情報システム協会資料）

次に具体的なサービスの面をみてみると、第10表のように、1～3までの機能はいわゆる都市型ケーブルと同じである。しかし、4～11までの情報サービスはいわば農村型ＭＰＩＳならではのサービスということになる。しかも、そのサービスの第一の特徴は農業生産に関わる生活情報を提供していることである。第二は、通信サービスを活用し、いわば放送と通信の融合サービスを行っている。それには理由がある。ＭＰＩＳはもともとが、一九五五年前後に農村に普及した有線放送電話がベースになっているからである。逆に言うと、農村では有線放送電話という双方向で、放送と通信の融合したメディアが浸透していた。今日、マルチメディアと称して、「放送と通信の融合」が目新しいものとして注目されているのは奇妙な歴史の巡り合わせといえる。

（3）　自主放送番組制作

ＭＰＩＳでは地域に密着した特色ある自主放送番組が制作されている。その自主放送番組制作組織には、林茂樹によると四つのパターンがあるとされている。[11]

①番組編成に役場各課並びに地区内の各団体を参画させているところ（石川県柳田村、長野県山形村）。

②役場内の各課の課長クラスをメンバーとして番組編成会議をもって番組表作成まで行っているところ（京都府和束町、兵庫県滝野町[12]、奈良県下市町）。

③担当部署のスタッフだけで番組編成、番組企画から番組制作まですべて行っているところ（岐阜県国府町、長野県朝日村）。

④施設の導入は役場が行い、番組制作を中心としたＭＰＩＳの施設運営は、役場と農協等地区内の有力団体を構成する第三セクターにしたところ（栃木県馬頭町）。

（4）　石川県のＭＰＩＳ

第11表 柳田村と松任市のMPIS

名　　称	柳田有線テレビ放送（YJC-TV）	松任テレビ（あさがおテレビ）
地　　域	柳　田　村	松　任　市
事 業 名	農村整備モデル事業	活性化農構
放送開始	'84年10月	'93年 4 月
担当部署	総務課情報センター	
対象世帯	1,400世帯	16,850世帯
加入世帯	1,350世帯	14,631世帯
TV再送信	7	6
BS	3	3
CS	5	12
自主放送	2	3（内気象 1）
放送チャンネル	普通チャンネル 1 ch　スペースシャワー TV 2 ch　生涯学習チャンネル LET's TRY 3 ch　柳田村コミュニティチャンネル 4 ch　テレビ金沢放送 5 ch　NHK 教育放送 6 ch　スポーツアイ 7 ch　石川テレビ放送 9 ch　NHK 総合放送 10 ch　中部文字放送 11 ch　北陸朝日放送 12 ch　北陸放送 コンバーターチャンネル 13 ch　北日本放送 14 ch　NHK 衛星第 1 放送 15 ch　NHK 衛星第 2 放送 17 ch　WOWO 19 ch　スターチャンネル 22 ch　衛星劇場 ラジオ 79.0 MHz　柳田村音声告知放送 79.7 MHz　長野 FM 放送 82.7 MHz　富山 FM 放送 83.6 MHz　NHK—FM 放送	一般放送 1 ch　北陸朝日放送 4 ch　NHK 総合放送 6 ch　北陸放送 8 ch　NHK 教育放送 10 ch　テレビ金沢放送 12 ch　石川テレビ放送 CS 放送 15 ch　CSN 1 ムービーチャンネル 16 ch　スーパーチャンネル 17 ch　チャンネル NECO 19 ch　ファミリー劇場 22 ch　スカイ・A 23 ch　3 ADRA 24 ch　スポーツ iESPN 25 ch　グリーンチャンネル 33 ch　VIBE 34 ch　カラオケチャネル 35 ch　スペースシャワー TV 55 ch　NNN24 56 ch　日経サテライトニュース 57 ch　放送大学 自主チャンネル 11 ch　あさがおテレビ 5 ch　お天気チャンネル 9 ch　お知らせチャネル 3 ch　ガイドチャンネル ラジオ エフエム石川　81.1 MHz NHK エフエム　82.8 MHz
多目的サービス	音声告知放送	音声告知放送（文書伝送を含む） 農業気象情報システム

石川県内には三カ所のＭＰＩＳ施設がある。開設された順に述べれば、八四年に柳田村の柳田有線テレビ放送（ＹＪＣ－ＴＶ）、九三年には松任市の松任テレビ（あさがおテレビ）が、さらに九七年には能都町の能都町ネットワークテレビ（ＮＴＴ10）の三局が放送を開始している。我々の調査では、ＭＰＩＳでも草分け的な柳田町と、九〇年代に入って開局をした松任市の二局の事例について比較検討することとした。

柳田村と松任市は対照的な地域である。柳田村は能登半島の先端近くの山間部に位置する農山村である。それに対して、松任市は金沢市に隣接し、工業団地を抱える新興都市である。柳田村は人口減少に悩む過疎地域であるのに対して、松任市は県内でも屈指の人口増加地域である。テレビ視聴についても、柳田村は難視聴地域であり、松任市は良視地域である。放送については第11表のように、柳田村では17ｃｈ、松任市では24ｃｈというチャンネル構成の違いも認められる。次項以降では、両地域のＭＰＩＳに立ち入って検討を加えたい。

三　松任市の場合

（1）　地域の特性

石川県の中央部に位置し、西は日本海に面し、金沢市とも接している。面積は五九・九三平方キロメートルで、東西八・七三キロメートル、南北一一・四二キロメートルの広がりを持ち、八キロメートルの海岸線を有している。市域は、手取川扇状地の中央部にあたり、金沢平野でも平坦なところで、市街地はそのほぼ中央に形成され、その周辺には田園が広がっている。地質は、手取川の沖積層からなり、米づくりをはじめ野菜、果樹など各種作物の栽培にも適している。

このように、拓かれた土地と豊富な水資源に恵まれた上、海岸部には北陸自動車道も通り、金沢市へは車で二〇分、小松空港へも二〇分の圏内にあるなど、自然的・社会的・交通条件にも恵まれ、いわば県都金沢市のベッドタウンとしても発展をしている。

一九七〇年一〇月一〇日に市制施行し、大規模住宅団地の造成をはじめ市街地の近代化、積極的な企業誘致により企業立地が進み、一貫して人口は増加し続けており、一九九八年一二月末現在で人口六六、〇三九人、世帯数一九、五六〇世帯となっている。一九七〇年から一九九五年の二五年間で約二倍の人口増加となっている（第12表参照）。

産業別就業人口をみると第13表のように、第三次産業従事者が五七・七％となり最も多くを占めている。第一次産業従事者については全体でも五・一一％でしかなく、農業従事者は全体の五・〇二％でしかない。

農業センサスによると農家戸数は一、七三五戸であり（第8図）、専業は一〇三戸、第一種兼業は、二八三戸、第二種兼業は一、三四九戸となっている。一九八〇年からの一五年間の経年的変化をみると、農家戸数は六三・八％、専業農家は六四・八％、第一種兼業農家は三四・三％、第二種兼業農家は七七・七％に減少している。農家戸数と専業農家の減少の割合は同じ減少幅であるのに対して、第一種兼業農家は三分の一と最も大幅に減少している。それに対して、第二種兼業農家はそれほどの減少を示してはいない。このような変化は、二段階を経て行われたことがわかる。第8図のように、一九八〇年から八五年にかけて大きく第一種兼業農家が減少し、八五年以降は第二種兼業農家が緩やかに減少してきていることがわかる。結果として、第一種兼業農家から第二種兼業農家へシフトしてきている。

このように、かつては純農村地帯であったが、地理的立地条件の良さから、工場立地も進み農工並進が進み、農業者とサラリーマンの混住の地域となっているのが松任市の特徴であり、そのような住民の構成がこの地域のＭＰＩＳのあり方にも関わっている。

（2）　松任テレビ

松任テレビの素地は、昭和三〇年代に有線放送電話が三、四〇〇世帯に敷設されたことにある。一九八六年農水省

第12表　松任市の人口と世帯数の推移

年	世帯数	人口総数	人口密度	1世帯当たり人員
1960年	5,700	29,127	487.4	5.1
1965年	6,265	29,955	501.3	4.8
1970年	7,097	31,459	526.5	4.4
1975年	9,139	36,730	614.7	4.0
1980年	11,310	44,787	749.6	4.0
1985年	13,789	53,304	892.1	3.9
1990年	15,873	58,984	984.2	3.7
1995年	18,185	64,361	1073.9	3.5
1998年	19,560	66,039	1101.9	3.4

第13表　産業別就業人口

産　　業	1990年	1995年
総　数	29,504	33,797
第1次産業	1,810	1,728
第2次産業	11,565	12,483
第3次産業	16,103	19,506
分類不能の産業	26	80

第8図　専業，兼業農家数

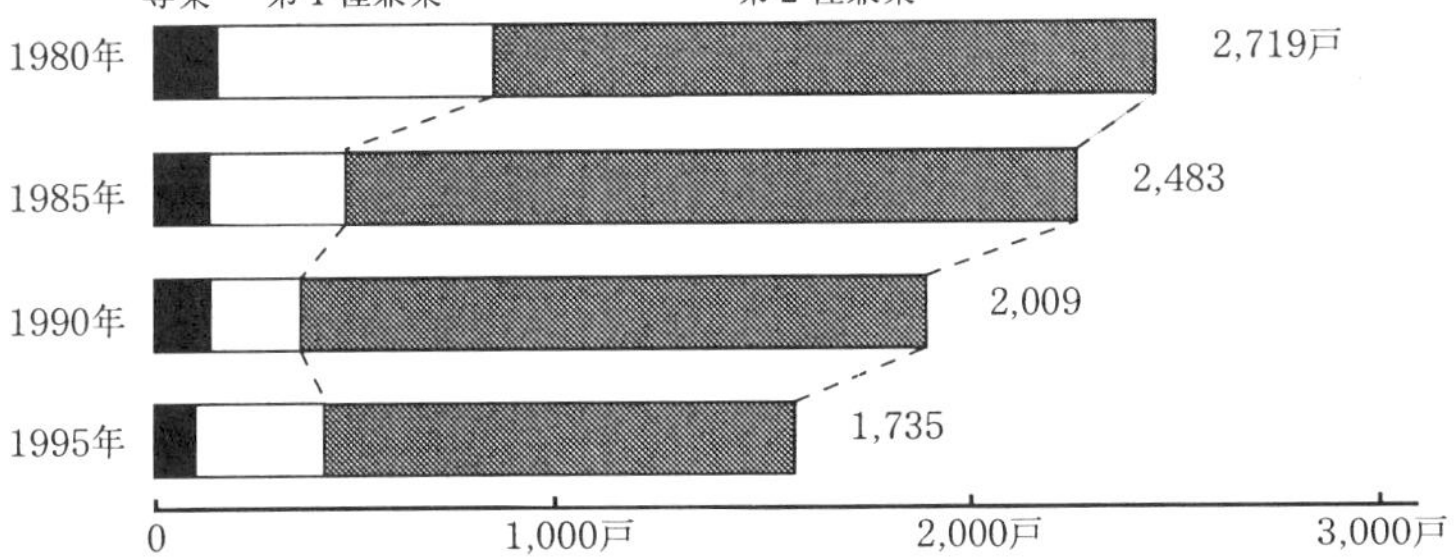

資料：農林業センサス

第14表 自主放送チャンネル

3ch「ガイドチャンネル」	番組案内チャンネルで、トピックスの項目、キャンペーンの案内、工事のお知らせなどを告知している
5ch「お天気チャンネル」	市内三カ所に設置した気象ロボットから送られた情報を、東京のデータ処理会社に送り、そこで解析された情報をテレビ画面で伝えている
9ch「お知らせチャンネル」	松任市からの行政広報チャンネルである。一二画面が繰り返し見ることができる
11ch「あさがおテレビ」	コミュニティ自主制作番組としては「あさがおワイド」という一時間番組がある。土・日には「週間あさがおワイド」として総集編の一時間三〇分番組を流している

が打ち出したグリーントピア構想にパソコンのネットワークづくりの情報化構想を盛り込み、パソコンとCATVによる情報化を構想した。一九九〇年に構造改善事業に、翌年高密度情報型として事業に着手し、一九九三年四月第三セクターとしての(株)テレビ松任（あさがおテレビ）が開局した。「あさがおテレビ」の特徴は次の五点ある。

第一番目には、行政主体の第三セクターである。資本金四九、七〇〇万円のうち、市が三七%、農協が二〇%を出資しており、市が最大の出資者であるとともに、市と農協の両者の合計は五七%と過半数を超える。市が主体として事業に当たっているところに特徴がある。行政が主体ということもあり、町内会組織がバックアップし、一つの町内会に対して一回—七回の説明会を実施し、都合一九〇回に上る説明会を開催した。

第二番目には、一万世帯を超える、全市民を対象としたMPISとしては大規模な施設である。二年間で市の全域六〇平方キロすべてにケーブルが張り巡らされた。このような大規模なＭＰＩＳは全国でも当時は初めてのケースであった。

第三番目には、自主放送が四ｃｈあり、全国のＭＰＩＳ施設では最も多いＣＡＴＶ局である。第14表の通り、「ガイドチャンネル」、「お天気チャンネル」、「お知らせチャンネル」、「あさがおテレビ」の四つのチャンネルである。市民の必要とする生活情報の提供をはじめ、第三セクターということもあり、行政・議会情報の提供も熱心に行われている。松任テレビでは、松任市議会で本会議の手話同時通訳が行われたのに伴い、画面の一角にこの手話通訳を表示している。(13)

第四番目には、音声告知放送を全世帯に導入している点である。その際に、ファクシミリやパソコンのネットワークも併せて導入した。その費用についても市で負担するものであった。

第五番目に、農業気象情報システムである。既に自主放送番組でも触れたことではあるが、市内三カ所に設置した気象ロボットから気温、温度、風速、風向、雨量のデータを、東京のデータ処理会社に送り、そこで解析された情報を三時間ごとにＦＡＸでも各農家に直接送られる。

このように、松任テレビは、市という規模をもった都市であり、良視聴地域で、混住地域であり、チャンネル編成もＣＳ放送が多く、多チャンネル型ＣＡＴＶに近い編成となっているが、これまで見てきたように紛れもなくＭＰＩＳ施設である。

四　柳田村の場合

(1)　地域の特性

第15表　柳田町の人口と世帯数の推移

年	世帯数	人口総数	1世帯当たり人員
1950年	1,418	8,183	5.77
1955年	1,523	7,973	5.22
1960年	1,547	8,036	5.19
1965年	1,508	6,882	4.56
1970年	1,436	6,303	4.39
1975年	1,437	5,711	3.97
1980年	1,407	5,524	3.93
1985年	1,382	5,436	3.93
1990年	1,350	5,142	3.81
1995年	1,354	4,776	3.53

国勢調査

柳田村は奥能登の中央にあり、輪島市に隣接し能登半島の先端にほど近い場所に位置している。四方を海に囲まれた能登半島にあって、唯一海岸線を持たない農山村である。半島かつ山間部に位置する地理的特性のため、石川県の地上波が入りにくく難視聴地域となっていた。しかし富山湾を越えて、北日本放送やＮＨＫ富山という富山県側の電波が入ってくるため、石川県の知事を知らなくとも、富山県の知事の名前を知っているという話が伝えられる土地柄であった。

第15表のように、柳田村の人口は一九九五年の国調統計によると四、七七六人と、ついに五千人を割り込んでいる。かつて、村の人口は一九六〇年に八千人台を一時回復するものの、六〇年代以降は一貫して減少傾向を示している。ここ三五年間で、人口は五九・四三％となり、約四割減少するいわば過疎の村である。やはり、奥能登の山間部ということもあり、交通の便も極めて悪く、高速交通体系から取り残されている。

産業別就業人口をみても、第16表のように、第一次就業人口の全就業人口に占める割合は九五年では二四・六％と約四分の一となっている。さらに、第一次就業人口のうち農業従事者の割合は九五・九％を占め、ほとんどが農業で占められており、典型的な農村を構成している。

農家世帯についてみると、第17表のように、九五年の農家世帯数は九三七戸となっているが、この二五年間で二五

第16表　産業別就業人口

年次・区分／種類	1975年			1985年			1990年			1995年		
	計	男	女	計	男	女	計	男	女	計	男	女
総数	3,251	1,658	1,593	2,984	1,621	1,363	2,826	1,495	1,331	2,674	1,442	1,232
第一次産業	1,706	812	894	953	496	457	816	405	411	658	330	328
農業	1,681	795	886	907	471	436	776	378	398	631	308	323
林業	23	15	8	45	24	21	37	24	13	25	20	5
水産業	2	2	—	1	1	—	3	3	—	2	2	—
第二次産業	752	390	362	1,025	550	475	1,026	557	469	963	568	395
鉱業	—	—	—	1	1	—	1	—	1	6	3	3
建設業	332	296	36	469	418	51	432	385	47	479	418	61
製造業	420	94	326	555	131	424	593	172	421	478	147	331
第三次産業	792	456	336	998	569	429	984	533	451	1,053	544	509
卸・小売業	184	94	90	211	114	97	199	108	91	192	96	96
金融・保険業	30	18	12	45	22	23	49	21	28	41	15	26
不動産業	—	—	—	3	2	1	—	—	—	—	—	—
運輸通信業	104	89	15	89	76	13	100	82	18	105	88	17
電気・ガス・水道業	1	1	—	12	11	1	3	3	—	4	4	—
サービス業	391	189	202	530	258	272	524	232	292	600	251	349
公務	82	65	17	108	86	22	109	87	22	111	90	21
分類不能の産業	1	—	1	8	6	2	—	—	—	—	—	—

国勢調査

%減少している。これは、この間の村全体の人口減少率とほぼ同じ値を示している。農家戸数の推移でとりわけ興味深いデータは、専業農家の推移である。七〇年には三五戸しかなかったのが九五年には八五戸とむしろ増えている点である。兼業農家をみると、七〇年に一、二一四戸でしかなかったが、この二五年間で三割減の八五二戸となっている。つまり、兼業農家が離農する際に、農地を営農家が集約し、その結果専業農家が増えたことが考えられる。

（2）柳田有線テレビ放送（YJC—TV）

柳田村のMPISは、役場横に設置されている情報センターから三方向に延びる幹線によって一、三五〇

第17表　専業・兼業別農家数の推移

各年２月１日現在（単位：戸）

年　次	総　数	専業・兼業別			
		専　業	兼　業		
			計	第一種	第二種
1970年	1,249	35	1,214	538	676
1975年	1,157	17	1,140	125	1,015
1980年	1,120	23	1,097	87	1,010
1985年	1,066	54	1,012	79	933
1990年	996	62	934	28	906
1995年	937	85	852	48	804

農業センサス

戸の家庭にサービスを行っている。それ自体が小高い丘のような能登半島に広がる面積一〇五・〇二平方キロの村には三一の集落が点在している。このため幹線の総延長は二〇〇キロメートルにもなる。村民が集まるコミュニティセンターや体育館、学校などの主拠点二二カ所からは、双方向機能を利用してテレビの中継ができるようになっている。

情報センターでは、現在次のようなサービスを行っている。

(イ)　再送信サービス

テレビ波は、石川県内波六波、富山湾を越えて飛んでくる県外波一波、ラジオ波はＮＨＫ―ＦＭ、長野ＦＭ、富山ＦＭの三波を同時再送信している。

(ロ)　自主放送システム

自主放送関係設備は、他のＭＰＩＳ施設と同じくスタジオ機器、編集用機器、取材用機材、移動中継車で構成されている。上り中継設備で主要拠点からＴＶ信号をセンターに伝送ができる。

(ハ)　緊急告知サービス

ＦＭ79ＭＨｚを使用して緊急連絡情報を、音声で告知することができるようになっている。火事や災害時にリアルタイムな情報を告知して役立っている。普段は、毎朝六時三〇分にその日に行われる行事などの案内に使用されている。

柳田村のCATVは、農村MPIS施設で一九八四年に全国七番目に開局した草分け的存在である。全村をケーブルで結んで、農業技術をテレビを通じて見て覚えるなど農業生産の向上や農業指導に役立っている。番組を通じて、寝たきりのお年寄りのおばあちゃんでも、孫と運動会の様子を楽しく語ることができている。自主制作番組としては（第18表）のような番組がある。

さらに、柳田村では双方向性を活用し、農業集落排水施設の監視にMPISを利用している。これは、施設内のポ

第18表　自主制作番組

番　組	内　容
こちら3チャンネル	村の話題を毎日放送している。村の動きや出来事を伝えている
こんにちは一歳	その月に満一歳を迎える赤ちゃんが登場する。柳田村で生まれた赤ちゃんは、みんな一歳でテレビデビュー
議会中継	年四回の定例会をすべて中継車で収録して放送している
ちびっこ相撲大会生中継	毎年七月に行われる小学生の相撲大会を生中継でお茶の間へ届けている
満天星ＬＩＶＥ	星の観察館から、天文現象を生中継している。村中のテレビが天体望遠鏡になる
企画番組ほか	村で行われるイベントなども中継録画で放送している。農業施策などもテレビで分かりやすく放送

第９図　柳田ふれあいネットワーク

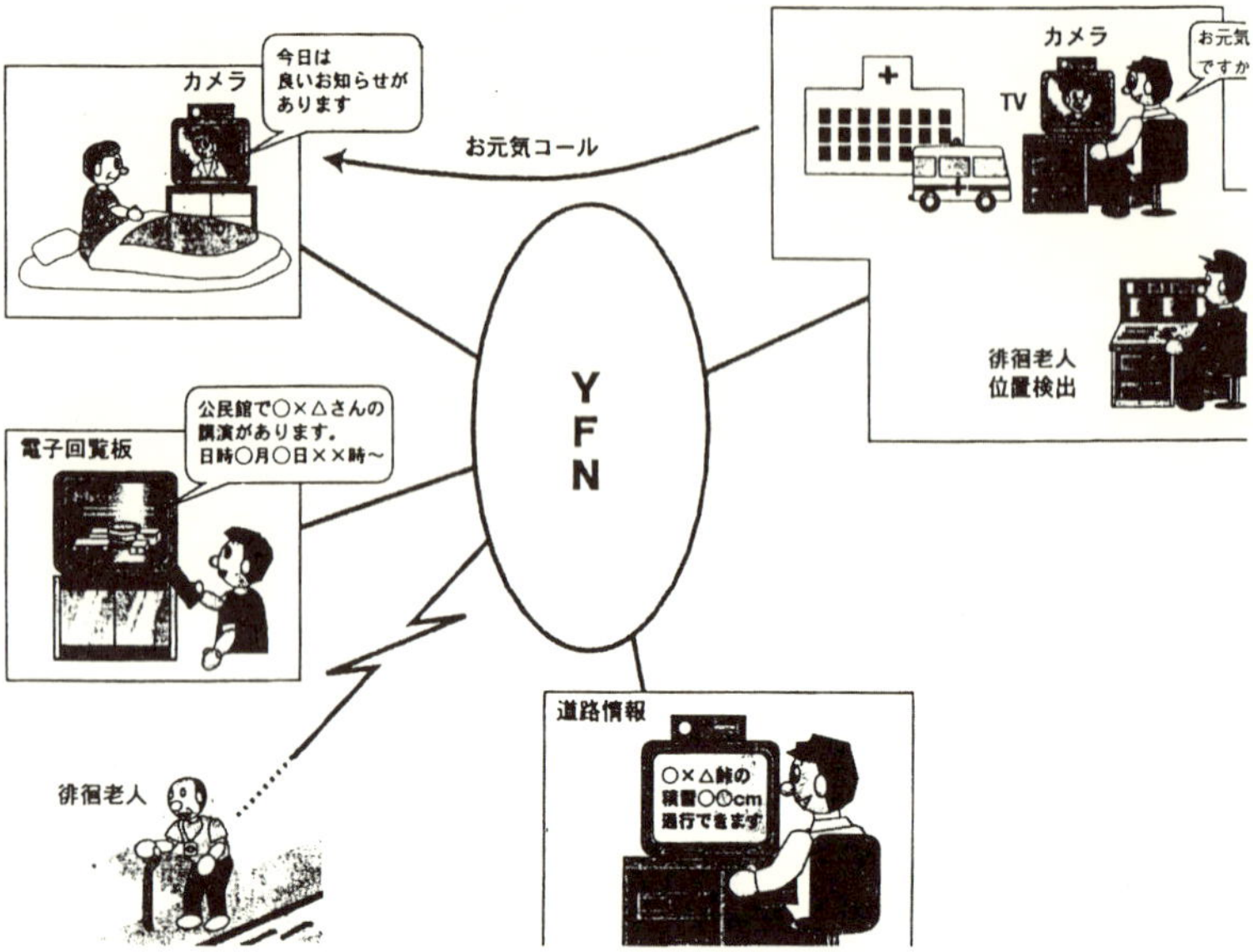

（柳田村資料）

ンプの稼働状態を、上り伝送機能を用いてセンターで一括集中管理を行うものである。その他、上り伝送路の活用として、学校間の交歓授業がある。村内には八つの小学校と一つの中学校、そして一つの高等学校がある。小学校のうち五校がへき地複式校で、月に一回一つの小学校に集まって集合学習を行っている。そこで、上り伝送路を利用して、わざわざ一カ所に集まらなくても自分の小学校に居ながら他の四校の児童たちと一緒に勉強ができるようになる。

以上が旧来のシステムである。まさに、我々の調査後、新たなシステムの高度化が計画された。それについて次に補足的にふれたいと思う。

（3）　柳田村情報ハイウェイ構想

二一世紀の柳田村民の生活を支える新しい情報ネットワークが今柳田村で開設されようとしている。柳田村情報センターは、一九八四年七月に開局した有線テレビ施設の中枢として自主放送を制作し、村民に対してさまざまな情報提供を行ってきた。アンテナを立ててもテレビが映らない難視聴の地域が多い柳田村に、地上波放送をはじめ通信衛星の放送など、全部で一七チャンネルものテレビ放送をお茶の間に供給し、資質の向上や快適生活環境の創造など、住民の生活改善に貢献してきた。

このような、一般放送＋自主放送主体の放送局から、既存のＣＡＴＶを高度化させ、様々な形態の情報を受発信するマルチメディア情報基盤として「柳田ふれあいネットワーク（ＹＦＮ）」を構築しようとしている。

近年の技術革新と通信ネットワークの進歩によってＣＡＴＶ網はさらに新しい活用ができるようになり、これによってふれあいの里柳田村に暮らす人たちを取り巻く農業や生活環境の快適化をはかることを目指している。有線テレビ施設をより発展させ、時代にあったマルチメディアネットワークとしての利活用をめざして、「柳田村情報ハイウェイ構想」(14)を策定した。

ＹＦＮは次の機能を実現しようとするものである。①双方向性、②広帯域性、③大容量の伝送能力、④アナログもデジタルも、⑤放送と通信の融合、⑥無線と有線の融合の六点である。このネットワークを活用して、①緊急放送、②告知放送、③在宅健康ケア、④健康情報データベース管理、⑤全村域コミュニケーション、⑥柳田ふれあいステイション、⑦ビデオリクエストサービスなどを予定している。

初期に建設されＣＡＴＶ局が更新期に入ろうとする時期に、あらたなマルチメディア時代に対応した機能を兼備させておく必要がある。まさに、これから始まろうとする構想ではあるが、ＣＡＴＶのネットワークを活用し、マルチメディア時代に対応した一つの方向性を示しているともいえる。今後、このシステムが柳田村の活性化につながる展開を期待したい。

【追記】

文中のデータについては調査時点（一九九七年一二月）のものを使用した。しかし、柳田村では新たな情報システムを立ち上げるなど大きな変化があった。その点について、必要に応じて書き加えた所もある。

石川県調査に当たっては、松任テレビ、柳田有線テレビ放送（ＹＪＣ―ＴＶ）のＭＰＩＳのみなさんには大変お世話になった。改めてお礼を申し上げる。

第四節　秋田県大内町ＣＡＴＶシステムの沿革と現況

（山口秀夫）

一　大内町の地誌

周知のように、秋田県は東北地方の北西部にあり、青森県（北）、岩手県（東）、山形県、宮城県（南）の四県と境を接している。大内町は秋田県の南西部、由利郡の北にある。町の東西は二八キロメートル、南北は一九キロメートルと細長い。緯度で言えば、北緯三九度二四分―二七分、東経一四〇度六分―一三分の位置にある。

大内町から、県庁所在地の秋田市にはＪＲ羽越線で三三・五キロメートル、秋田空港には車で約四〇分の距離である。町を南北に走る国道一〇五号は、秋田県南西部の中心都市、本荘市で国道七号と結ばれ、大曲市で高速道路秋田道、国道一三号と結ばれている。

大内町の面積は一八二平方キロメートル、そのうち、七八％は山林原野である。西側を除く三方を出羽丘陵に囲まれている。町のほぼ中央に芋川が流れ、それに沿って開けた四二の集落がある。

一九五六年、三つの村が合併して大内村が誕生した。一九七〇年、町制が施行された。人口は一九六〇年には一万四、七九四人だったが、一九六五年には一万二、九五六人、一九七〇年には一万一、六三八人、一九七五年には一万八一三人、一九八〇年には一万七一六人と減少傾向が続いた。最近一〇年間はほぼ横這いの状況にある。基幹産業の農業は水稲作が中心で、これに肉用牛と野菜を組み合わせた複合経営が広く行き渡っている。

二　CATVシステム開局まで

大内町におけるMPISシステム建設の取り組みは一九八八年一月から始まった。人口一万の町でCATVシステムを建設するということは、何十年に一度あるかないかの大きな事業である。当然のことながら、慎重に事を運ばなければならなかった。

この種の事業をすすめるうえでいちばん重要なことは、事前のリサーチを十分に行うことである。一九八七年末までに七つの町村が農村MPISの施設の運用を実施していた。奈良県下市町（開局は一九七四年一一月）、岐阜県国府町（一九七八年一〇月）、福井県大飯町（一九八〇年五月）、徳島県土成町（一九八四年一月）、石川県柳田村（一九八四年一〇月）、香川県寒川町（一九八五年一月）、大分県大山町（一九八七年四月）の各施設である。大内町では、これらの施設から関係資料を入手し町で実際にCATVシステムを作る場合、どのようなものにするのが最適であるかについて、具体的な検討を行った。一九八八年の九月には、大分県大山町から緒方英雄氏を講師に招いて町の職員を対象にした研修会を実施している。

大内町では毎年一一月に町民祭が開かれる。一九八七年の町民祭にはCATVシステムを導入した場合に、町民の生活がこのように変わることが期待されるということで、模擬CATVシステムを作ってデモンストレーションを行った。CATV事業を成功させるためには、何よりも、利用者である町民の支持が欠かせないからである。町民祭のデモンストレーションは好評裡に終わった。関係者は、これで、CATVの導入に弾みがついたという。

CATVシステム導入に関する町の基本方針が確定したのは一九八九年のはじめである。それに基づいて、五月、町の職員に対する説明会が開かれた。また同じ五月に、新農業構造改善事業の認定を受けた。農村地域一般型の認定である。補助事業費九億一、二〇〇万円、このうち情報連絡施設建設費は六億九千万円だった。

八月にMPIS事業の基本計画作成業務を日本農村情報システム協会に委託した。同じ八月に町議会はCATV事業実施計画に関する協議を行った。

九月には町の構造改善協議会委員と地域推進員が長野県の朝日村と山形村のシステムを視察した。いずれも新農業構造改善事業の認定を受けて建設されたものである。朝日村のシステムは一九八八年四月、山形村のシステムは一九八九年七月の開局である。自主放送が二チャンネル（うち気象一チャンネル）、音声告知放送、農業気象情報システムなどのサービスを行っており、後に開局する大内町のシステムと共通する点が多かった。

一九九〇年に入るとCATVシステム開局の動きもいちだんとピッチがあがってくる。一月には中央大学文学部の林茂樹教授を招いてCATV研修会を実施した。この年六月、大内町では庁内の各課職員で構成されるMPIS研究会が発足、同じ六月にCATVシステムの建設をすすめるCATV推進員会が発足した。この会は、一九九四年の開局に伴い、放送通信員に改組されている。この年七月、CATV推進員は議会教育民政委員とともに長野県朝日村の施設を視察している。

先進システムの視察はその後も引き続き行われた。例えば、一九九〇年九月には構造改善地域推進委員が岩手県の「(株)一関有線テレビ」を視察、一一月には大内町の職員が「宮城ネットワーク(株)」の視察を行っている。翌年一月、町職員は栃木県馬頭町の「ケーブルテレビばとう」のシステムを視察、三月には構造改善地域推進員とMPIS研究会員が岩手県都南村のシステムを視察した。一九九二年三月には前月に設置されたONT協力委員会のメンバーが長野県山形村のシステムを訪問、視察している。

このように、町の担当職員をはじめ、CATV関連で設置されたいくつかの委員会のメンバーが先進地のシステムを訪問した成果は大きかったという。どのシステムでも、実際にスタートしてから予期せぬ難問に逢着することは避けられない。その時、各地のシステムが問題にどのように対処したか、事前の準備作業で足りなかった点はないか、こういうことは、実際に現地を訪れて、じかに担当者に会って話を聞くことによって、初めて分かることが多いのである。これが現地視察の最大のメリットであるが、同時に、町の様々なメンバーが各地のシステムを視察することにより、町全体で、CATVシステムを建設していくという気運を高めるという効果も、また大きなものがあったという。

前記の視察と併行して、一九九〇年一一月には、大内町の情報化に関する全町の意向調査が実施された。この年の一二月、大内町議会はCATV計画を含む町の総合発展計画を議決している。これに基づいて、翌年二月には総合発展計画の概要を各部落に説明する会が開かれた。

一九九一年四月、大内町のCATVシステム建設計画は、農業農村活性化農業構造改善事業へ振替実施の指定を受けた。いわゆる高度情報型に移行することになったのである。振替実施の認定を受けたのは同年六月である。補助事業費一七億四、七〇〇万円、このうち、情報連絡施設建設費は一四億二、六〇〇万円である。認定を受けると同時に、具体的な事業に着手した。事業費は一二億五、五六六万六千円。うち国庫補助金は約二分の一の六億三二七万七千円である。残りが町の負担になるが、大内町は過疎地域に指定されているので、過疎債の適用を受け、町負担分の約七割が地方交付税で補塡される。したがって、実際に町が負担するのは約三割であった。

施設の名称は大内町情報センターに決まった。英文の略称はONTで、これは大内町ネットワークテレビジョンを略したものである。

一九九一年六月には、さきに基本計画作成業務を委託した日本農村情報システム協会などに、システムと局舎の実施設計を委託した。それに基づき、八月にはシステムと局舎の建設を発注した。この年の一一月大内町は、有線テレビジョン放送法に基づき、東北電気通信管理局に放送施設設置許可申請を行って受理され、一二月には、郵政大臣の許可を得た。

翌一九九二年から大内町のCATVシステム建設作業は、いちだんと拍車がかかることになる。一月にはCATVシステムへの加入促進活動を実施。すでに町内の多くの家庭がCATVに加入することに同意していた。この月の活動は未だ加入に同意していない家庭に対してチラシなどを配り、加入促進をはかったのである。同じ一月には、大内町CATVのロゴマークの公募を開始している。二月には大内町情報化推進機構とONT協力委員会が設置された。三月に入り、町議会は大内町情報センターの設置および管理に関する条例を議決した。センターは、大内町岩谷町字日渡五一の一番地に建設されることになった。

一九九二年には有線テレビ管理運営協議会の設置（四月）、加入申請書取りまとめ（六月）、宅内工事協力組合の設置（八月）などが行われている。宅内配線工事は一九九三年五月から開始され、一一月には全集落の工事が完了した。

一九九四年一月大内町情報センター管理運営協議会、大内町ネットワークテレビ放送企画会議設置。三月には農村多元情報システム（MPIS）の工事が完了した。同月、新設の情報センターから自主放送の試験放送が始まった。正式開局は四月である。CATVシステム建設の取り組みが始まり、先進地域の資料収集を開始した一九九八年一月から六年三カ月が経過していた。これまでCATVシステムの建設に努力した関係者の感慨は相当なものであったに違いない。

三　スタジオの建設が優先された

しかし、CATVシステムは、開局した後が重要なのである。実際に、町民に対してどのようなサービスを行うのか。限られたスタッフと予算で、番組を制作して行かなくてはならないからである。さきにも述べたように、大内町では一九九一年八月にシステムと局舎の建設に着手した。当初の予定では一九九五年完成の予定だったが、予定より一年早く一九九四年三月に工事が終わり、一九九四年四月に開局した。工事の中でも、スタジオと局舎の建設が最優先された。この部分の工事は一九九二年に完成している。スタジオ局舎はRC平屋建てで面積は三九七・〇五平方メートルである。最初にスタジオを作ったのは、制作スタッフを養成するためにぜひ必要という判断があったからである。

自治体や農協などがCATV事業を始める際の大きな問題の一つは、放送番組制作やアナウンスを担当するスタッフをどのようにして確保するか、ということである。都市型CATVの場合には、入社試験を行って新卒の学生を採用するということも考えられるが、農山村地区で比較的小規模の施設が多いMPISの場合は、それは無理というものである。ここのところは、どうしても既存の職員の中から登用するほかないのである。

問題は、MPISのCATVもNHKや民放のネットワーク番組も、実際に視聴する際には、視聴者は、同じ受像機のブラウン管上で、それぞれの番組を見るということである。当然のことながら、各チャンネルが提供する番組を比較しながら見ることになる。この場合、MPISのスタッフは、いわゆる職業アナウンサーではないし、職業プロデューサーでもないのであるから、かなりのハンディキャップを背負って番組を制作し、ブラウン管上に登場することになる。大内町が、CATV事業を導入する際にスタジオ、局舎の建設から始めたのは、とにかくスタジオが出来ていれば、スタッフが自主的に研修することが出来るし、NHKなどが実施しているCATV番組制作セミナーに参加して得た経験などを、大内町に帰ってから、自身で追加体験することが出来るというメリットがあるからである。

四　都市型とMPIS型

すでに述べたように、CATVシステムが利用者に提供する番組は、既存のテレビ局の番組などを受信してケーブルで加入世帯に伝送する場合と、CATVのスタッフが、取材、制作した番組を伝送する場合の二つがある。前者が再送信番組、後者が自主番組である。

一般に都市型CATVのシステムは、多種多様な再送信番組を取りそろえ、その魅力で加入世帯の増加をねらうというケースが多い。最近は、テレビ信号を伝送する場合に、デジタル圧縮の技術が使われるので、デジタルシステムの場合は、一〇〇チャンネル以上の番組の伝送が可能である。それだけのチャンネルを魅力のある番組でうめるのは現時点の日本では殆ど不可能に近いが、それでも、海外の番組などを、多数取りそろえることにより、トータルにみて、多様なサービスを実施しているという感じをユーザーに与えることは出来る。もちろん、それには相当カネがかかる。また、ある程度の資金を持たなければ、人気の番組を購入することは難しい。多チャンネル・サービスを売りものにするところでは、現在はともかく、将来は、相当数の加入世帯を確保出来る見通しが立っていなければならない。言い換えれば、都市型CATVでなければ、多チャンネル・サービスをセールス・ポイントにすることは難しいのである。すべての都市型がこれに成功する保証はないが、大都市に多数の潜在的加入世帯が存在することはたしかなのである。

しかし、MPISの場合は違う。農山村地区を主なサービスエリアにするMPISのCATV事業では、エリア内の人口が少ないために、都市型のように多数の加入世帯を獲得する可能性が、ほとんどと言っていいほどない。この節の主題であるONTの場合、エリア内の総世帯数が二、四八〇で、一九九九年一一月現在、うち二、三四八世帯が加入している。この時点で、未加入世帯は一三二世帯である。今後ONTが最大限の努力をして全世帯加入を実現しても、増えるのは一三二世帯だけである。これが、MPISシステムと都市型システムのいちばん大きな違いである。

ライバルとの激しい競争にさらされている都市型のCATVは、多チャンネルの中味を濃いものにするために、どうしても購入番組を含む、再送信番組の充実に力を入れざるを得ない。自主番組を制作するために十分な数のスタッフをそろえるほどの余裕はないのである。

視聴者一人当たりのコストで言えば、自主番組の制作ほどカネのかかるものはない。自主番組で取り上げるものは、その殆どがエリア内のニュースであり、イベントである。この場合、都市部におけるニュースは、テレビ局のローカル番組でかなりカバーされるし、それ以上に、都市の住民は、身近な話題にあまり関心がない。視聴率の点からみた場合、加入世帯数が多くなればなるほど、都市型のCATVにとって、自主番組の制作は重荷になる可能性がある。

MPISの場合、さきに述べたように、都市型と比べると、エリア内人口がはるかに少ない。それゆえに、自主番組に対する住民の反応は、よりダイレクトな形で送り手に伝えられることになる。

さらに言えば、一般的に、MPIS事業の担い手が自治体、農協などであることが、自主番組の制作に取り組みやすい環境になっていることも重要である。この場合、MPIS事業の持つ非営利性が、それに一役かっているのである。

五　ＯＮＴのサービス内容

多くのＣＡＴＶシステムと同様に、ＯＮＴの番組も再送信番組と自主番組の二つがある。ＯＮＴのチャンネル構成は次のとおりである（かっこ内の数字はチャンネル番号を示す）。

基本チャンネル

(2)　ＮＨＫ教育放送
(3)　ＯＮＴ３チャンネル
(4)　ＯＮＴ気象番組
(5)　秋田朝日放送
(7)　秋田テレビ
(9)　ＮＨＫ総合放送
(10)　LET'S TRY
(11)　秋田放送
(12)　グリーンチャンネル

有料チャンネル

(12)　グリーンチャンネル

(17)　NHK衛星第1放送
(20)　NHK衛星第2放送
(21)　WOWOW
(22)　衛星劇場
(23)　スター・チャンネル
(28)　ファミリー劇場
(29)　スーパーチャンネル
(31)　GAORA
(34)　MTVジャパン

PCM
(1)　NHKFM
(2)　秋田FM
(3)　ST・GIGA

前記サービスのうち、有料チャンネルはスクランブルがかかっており、別途契約してホームターミナルで視聴することになる。グリーンチャンネルは基本チャンネルと有料チャンネルがあるが、前者は農林水産情報、後者は中央競馬情報になっている。

利用料金は、加入金が三万円、毎月の利用料金は一、三〇〇円である。宅内配線工事費は、加入者負担になっている。一戸当たりの平均金額は約一万四、〇〇〇円であるという。ONTは音声告知放送を実施しているが、受信機は町が貸与している。衛星放送の視聴希望者はホームターミナルで視聴することになるが、この料金は、自己負担になっている。生活保護世帯、独居老人世帯などで、町長が認めたものは利用料金などが減免される。

六　ONTの自主番組

前項に示したように、ONTでは、基本チャンネルのうち、第三チャンネル（ONT3チャンネル）と第四チャンネル（ONT気象番組）で自主番組を送出している。このうち、第四チャンネルは静止画像を使って、局地の気象予報、広域の気象情報を二四時間放送している。気象協会から情報の提供を受けているので、警報が出れば、直ちに静止画像で示されるというメリットがある。気象協会から送られてくるデータをONTが受けるわけだが、データの処理がフォーマット化されているので、送られてきたデータが、直ちに画面に表示されるのである。

ONT3チャンネルでは、ニュース（番組名「ニュースタウン」）を週五日（月曜～金曜）、各八回放送している。放送時刻は一八時三〇分、一九時三〇分、二一時三〇分、二三時三〇分、翌日の六時三〇分、七時三〇分、一〇時、一二時三〇分である。ニュースの放送回数が多いが、これは、夕方の六時半から放送したものを七回再放送しているのである。

放送時間は一五分を基準としているが、ニュースの材料が多い時には二〇分になることもある。こういうところが専門チャンネルの強みである。つまり、時間の配分にそれほど神経質になる必要がないのである。このニュースは、午後五時ごろからスタジオでいわゆる完パケの作業に入り、実際の放送は、すべてテープを再生する形で放送される。突発事件の場合はこの限りでないことは、もちろんである。

大内町の佐々木町長は「開局の時からこれまでのテレビ局とは全く違うものを出したいと思っていた」と言う。そのために「身近なものを映し出して、それを町民のひとたちに考えてもらう、そのような番組を提供できたらと考えていた」と言う。

ニュースの再放送が多いことについて佐々木町長は「NHKの『生きもの世界紀行』が好きでよく見ているが、この番組もリピートがある。司馬遼太郎の『街道をゆく』も、やはりリピートがある。それならば、我々の場合は、リピートがもっといっぱいあってもいいのではないか。そういうことで、ニュースもリピートの時間を多くした」と説明している。

これは、重要な指摘である。もともと、リピート（再放送）は放送の持つ特性をもとに考えられたものである。放送は、時間メディアであると言われる。時間メディアの大きな特色は、時間に制約されるという点にある。好きな放送番組を視聴するためには、それが実際に放送される時間に合わせて、当該チャンネルにスイッチを入れなければならない。そうでなければ、肝心の番組を視聴することが出来ないのである。最近はホームビデオの普及により、その難点がかなり解消されたが、それでも、あらかじめVCRで録画時間をセットしておかなければならず、後刻テープを視聴する場合でも、一時間番組をフルに視聴するためには、同じ一時間を費やさなければならない。

再放送は、この特性を逆手にとったものと言うことが出来る。それを大々的に実施したのは、第二次大戦前のアメリカラジオ界であるという。当時は、ラジオの黄金時代だった。これは、アメリカだけでなく、日本も、またヨーロッパ諸国もそうだった。アメリカの場合、ラジオネットワークのプライムタイム番組編成は、一年五二週のうち、四分の三にあたる三九週は新作を放送したが、のこり四分の一にあたる一三週は、それまで放送したものの中から評判のよかったものを選んで再放送した。それを聞き逃したファンに対するサービスの意味もあったが、実際は、夏場には米国民の多くがアウトドアライフを楽しむために、それまでの時期と比べて番組の聴取率がガクンと下がったためである。

これが、テレビ時代に引き継がれた。テレビの場合、番組の制作費が特に高くなったので、再放送のシステムは、送り手にとって、コスト削減のために欠かせないものになった。

再放送の多用は、テレビに後れてスタートしたCATV事業者により、いちだんと盛んになった。アメリカには、衛星を利用して番組配給を行うケーブルネットワークが二〇〇以上あるが、その多くがリピートを多用していることは、よく知られているとおりである。

ONTの場合も、再放送を多用している。それが、スタッフの数が少なく番組制作の予算も少ないCATVシステムにとって、省エネ、省マネーの効果をねらったものであることは当然だろう。

ONTのスタッフは全部で八名。八名の業務は次のとおりである。

所長　情報センターの管理運営・制作総括
補佐　管理運営・制作全般、使用料・通信衛星視聴料金等徴収事務など
管理係　係長　施設運営推進計画、伝送路維持管理、放送機器維持管理、予算全般
〃　主事　伝送路の維持管理、使用料などの徴収、予算執行などの事務
制作係　係長　全体プロデュース、番組編成、取材・制作など放送業務全般
〃　主任　取材・制作などの放送業務全般

〃　嘱託　取材・制作などの放送業務全般
〃　嘱託　取材・制作などの放送業務全般

ＯＮＴでは、いわゆる中継ものの場合は職員全員で実施するということであるが、とにかく、前記の八名のスタッフで毎日の放送を実施しているわけである。要するに、必要最小限の人数で毎日の業務をこなしているわけで、町長のいうリピートの多用は、毎日の放送を実施していくためには、どうしても必要なシステムということが出来るだろう。

実は、農村ＭＰＩＳシステムにとって、再放送の効用が、もう一つある。さきにも述べたように、農村ＭＰＩＳシステムは、視聴者の絶対数が少ない。大内町のシステムの場合も、エリア内の全世帯が二、三四八世帯で、その殆どが、ＣＡＴＶの加入者である。

このように、視聴者の絶対数が少ないことが、番組のリピートをしやすい環境になっていると言うことが出来るのではないか。ＯＮＴの自主番組の内容については後述するが、自主番組で取り上げる話題は、当然のことながら、町内の出来事、ないしは、町民の生活に関連のあるものである。当然ながら、番組には大内町民がしばしば登場する。

これがポイントになる。どこの地域にも共通していることなのであるが、多くの視聴者にとって、いちばん関心のあるものの一つが、身近な人が出る番組なのである。小学校に入学した子供を持つ親にとって、入学式で真剣に校長先生の話を聞く我が子の姿をテレビで見ることは、うれしいものである。そういう番組は、おそらく、一家そろって見るに違いない。祖父母のいる家庭では、親以上によろこばれるのではないか。

こういう番組は、その家庭にとって、最大のニュースである。ニュースにも、明るいものと暗いものがあるが、この場合は、とびきりの明るいニュースである。一家にとって、こんなにうれしいニュースは大歓迎なのである。当然ながら、リピートも大いに歓迎される。そうしてこの種の番組は、視聴者数の少ないCATVシステムの独壇場なのである。

町長は「地域のニュースは、全国ニュースのように、事件、事件でなくてもいいのではないかと思う。現に、大内町の場合は、毎日事件が起こるというようなことはない。だから、ありのままを、そのまま取り上げるのが地域のテレビだと思ってやっている。ニュースの主人公は大内町民なのです」と言う。これも、前述したことと符合していると言える。言い古された言い方だが、"no news is good news" なのである。

すでに述べたように、ONTの職員は八名である。このうち、ニュース担当者は三名である。この三名も、ニュースだけやっているのではなく、別の番組も担当しているので、とても忙しい。スタッフにとって、毎日のニュースのネタ探しは、たいへんなことらしい。何しろ、少人数である。町民からネタの提供があれば有り難いのだが、これが意外に少なく、実際に放送するネタの一割未満だという。

ONTには、町民一万人総出演という計画がある。ニュースや番組に出来るだけ多くの町民に出てもらうというのである。出来るだけニュースに出てもらうことによって、ONTは大内町一万町民のものという意識を持ってもらうというのが基本方針である。これがシステムの運営基盤を強くするために役立つことは言うまでもない。

その意味では、小学校の入学式や卒業式は、ONTにとって、一年のうちでも最大の書き入れ時と言うことが出来るだろう。この時は、ONTの保有する三台のENGカメラがフル稼働する。大内町内には小学校が三校ある。スタッフは、ENGカメラを持って三校の式の模様を録画し、ニュースの時間に放送する。ニュースの主人公は町民という基本方針が最大に発揮される瞬間である。

ＥＮＧカメラは毎日、外に出て、町民が働いている姿を映す。インタビューは行わず、あとで簡単なテロップをつけて放送している。簡単と言えば、これ以上ない簡単な取材と言えるが、放送するとかなりの反響があるという。それは、ビデオをダビングしてほしいという希望が、これまでにもたくさん、寄せられている。

こうした省エネ取材が出来るのも、人口一万のよさかも知れないが、筆者としては、出来れば、インタビューを行ってもらいたいと思う。スタッフの忙しさを考えると無理なのかも知れないが、ここのところは、やはり、町民の声が聞ける方がいい。その方が、はるかに人間味のある映像になるからである。もちろん、インタビューを実施しても、なかなか話を聞けないということはあるであろう。その時は、あらためてテロップをつければいいのである。


ＯＮＴのメイン・ニュースが「ニュースタウン」であることは、すでに紹介した。この番組は、曜日別のコーナーを設けている。月曜の「文芸コーナー」は町民の俳句、短歌を紹介する。火曜の「ミニギャラリー」は子どもたちが書いたイラスト、写真、作文などを紹介している。水曜の「ふるさと作文」は、子どもたちに絵を書いてもらい、それを見せながら、本人が作文を朗読するという趣向である。木曜には「赤ちゃん登場」「町の文化財紹介」「誕生おめでとう」などのコーナーがある。金曜は「週末情報、施設利用ガイド」で、土曜、日曜に予定されているイベントを紹介している。ここで紹介されるのは、秋田市、大曲市、横手市など、町外のイベントが多いという。

このように、メイン・ニュースに固定されたコーナーを設けることが出来るのも、農村ＭＰＩＳならではのことである。事件ものが少ないから、こういうことが出来るのである。また、毎日のコーナーを固定させることにより、スタッフの予定も立てやすくなる。とにかく、取材スタッフは三名なのだから、ここのところは、やはり省エネ型のニュース取材でなければならない。それでなければ、長続きしないだろう。
一九九八年七月にONTが実施したアンケート調査によれば、「ニュースタウン」を毎日見ると答えた人は二三・九%、時々見ると答えた人は五九・一%だった。番組は、一応、大内町民に支持されているといってよさそうである。曜日別のコーナーでは、「赤ちゃん登場」「誕生おめでとう」「週末情報」の三つの人気が高いという結果が出ている。

ONTでは、毎日のニュースのほかに企画番組を制作している。主なものは次のとおりである。

「テレビ町民室」
　町役場や関係団体の行政情報、各種事業内容などを紹介する番組
「JAタイム」
　JA秋田しんせいの営農関連情報、各種事業内容などを紹介する番組
「我が家の味自慢」
　JA農産加工部会のスタッフによる家庭料理の紹介番組
「健康の広場」
　由利組合病院の医師が、成人病や各種の病気について、予防法などをわかりやすく解説する番組
「大内東西南北」
　町内会の活動を紹介する番組
「学校だより」

町内の小中学校五校の児童、生徒が企画制作する番組

「議会中継」

町議会の開会時に本会議を中心に中継または中継録画で実施する

「みんなの歌」

町内の六つのコーラスグループが順に登場する歌番組

このほか、「今月の健康料理」「ONTスペシャル」などが放送される。さきのアンケート調査では、「ニュースタウン」ほどではないが、これらの企画番組も、比較的よく見られているという結果が出ている。

なお、アンケート調査が行われたのは、ONTが開局してからほぼ四年が経過した時である。アンケートで見る限り、大内町一万の町民の間に、ONTの自主番組はかなり浸透している、ということが言えそうである。

（1）従来、ケーブルテレビを三つの世代に分けて議論されることがよくあるが、その中身については研究者の立場によって若干違いが見られる。清原慶子によれば（「地域情報システムの変容II」、社会情報研究所編『情報行動と地域情報システム』東大出版会、一九九六）、第一世代／難視聴解消、第二世代／第一世代＋自主制作番組、第三世代／第二世代＋双方向、多チャンネル、大規模、第四世代／第三世代＋電気通信事業という類型化を行っている。筆者としては（「CATVの現状と視聴行動」「社会情報研究2」大妻女子大学紀要、一九九四）で第一世代から第六世代までに類型化している。

（2）ＯＹＴ型の電話回線を利用したデマンドシステム（ＭＩＯＤ）は、香南ケーブルテレビ、和賀有線テレビ、ケーブルテレビ八尾、加美ケーブルテレビ、朝日村有線テレビのＭＰＩＳで導入されている（「CATV now Vol. 48」（一九九八）による）。

（3）「とりネット」は　①県の七次総合計画、主要プロジェクトなどの紹介　②イベント・観光情報　③県からのお知らせ　④みんなの広場　などのコーナーがあり、パソコンを通じて二四時間、行政情報が入手できるシステム。

（4）中海テレビ放送は外に向かってのネットワーク化ばかりでなく、内に向かっての地域情報の提供にもすぐれた実績をもつＣＡＴＶ局である。特に、「パブリックアクセスチャンネル」は有名である。この点については、児島（一九九七）、平塚・金沢（一九九六）を参照されたい。

（5）ＣＡＴＶの歴史は地域から離れる歴史でもあったが、広域化、グローバル化が進行する中で、新たなローカリズムが求められている。その点については拙稿「地域メディアとコミュニティ――ＣＡＴＶの現状と方向性――」、前納・美ノ谷編著『情報社会の現在』学文社、一九九八所収。

（6）須藤正喜「自治省における情報化施策の概要」、「地方自治コンピュータ」一九九八年五月号、四ページ。

（7）ここでは、八〇年代のニューメディアの時代ではなく、九〇年代の「高度情報通信社会」の施策について整理をしている。

（8）石川県では、情報化による新たな産業づくりに生かす動きが活発化している。一九九〇年（平成二年）に開学した北陸先端科学技術大学院大学を拠点として先端の研究開発が行われている。今後、北陸先端科学技術大学院大学を中核として、情報通信基盤や研究所を集積した「いしかわサイエンスパーク」が整備され、頭脳立地拠点としての発展、新たな知的産業の創造を目指している。

（9）「いしかわマルチメディアスーパーハイウェイ構想」とは、県内に八カ所あるＮＴＴの交換局エリア（三分一〇円の市内通話エリア）毎にアクセスポイントを設置し、その間を大容量の光ファイバーケーブルの専用線で接続することにより、県内どこからでも均一料金でマルチメディア情報の受発信を可能にするもの。詳しくは、http:// www.pref.

ishikawa.jp/を参照のこと。

（10）林茂樹「地域情報化の過程」船津衛編著『地域情報と社会心理』北樹出版、一九九九年
さらに、各省庁による農村のＣＡＴＶ敷設支援事業としては次のようなものがある。

省庁	農村のＣＡＴＶ敷設支援事業
農林水産省	地域農業基盤確立農業構造改善事業、農村総合整備事業、中山間地域総合整備事業、山村振興等農林漁業特別対策事業
自治省	リーディング・プロジェクト、ＣＡＴＶ整備推進事業、ＣＡＴＶ事業
郵政省	新世代地域ケーブルテレビ、施設整備事業、田園型事業、都市型事業
通商産業省	発電用施設周辺地域整備法

（11）林茂樹著『ＭＰＩＳ』ニューメディア、八三ページ。

（12）兵庫県滝野町については、九九年度研究プロジェクトとして調査を行った。

（13）「松任市議会で九九年三月本会議の手話同時通訳が始まった。三月定例市議会では最終日を除く本会議に常時、手話通訳士を置く、大阪、京都市議会などは事前申し込みがあれば傍聴席に手話通訳を置いているが、本会議で常に手話通訳するのは全国初という。県聴覚障害者協会に委託し、論戦のない最終日を除く本会議に、手話通訳士を配置する。初日は二人、一般質問の日は三人の通訳が一五～二〇分交代で議長席の前に立ち、質問者、答弁者の言葉を手話通訳する。松任テレビも、議会中継で画面の一角にこの手話通訳を表示している。」（「石川県松任市議会で本会議の手話同時通訳」毎日新聞記事）

（14）「柳田村情報ハイウェイ構想」については、村のホームページを参照のこと。
http://www.vill.yanagida.ishikawa.jp/tv/tv.htm

参考文献

大分県に関する情報は、そのゲートウェイになっているＣＯＡＲＡのページから見るとよい。ＯＣＴ及びＯＹＴのホームページについても記しておく。
ＣＯＡＲＡ　http://www.coara.or.jp/
ＯＣＴ　http://www.coara.or.jp/VSHOP/NewVSHOP/shop/21shop/index.html/
ＯＹＴ　http://www.town.oyama.oita.jp/oyt/index.html/
・ネットワーク型ＣＡＴＶ構想については、大分県庁でのヒアリング以外では、次の二つを参考にした。
大分県「ＣＡＴＶ等普及対策検討委員会報告書」一九九五年三月
植松浩二「大分県が進める「ネットワーク型ＣＡＴＶ構想」の全貌」「ニューメディア」一九九五年一〇月号・大分県ＣＡＴＶに関して
「ＣＡＴＶ　ＮＯＷ」Vol. 139、一九九六年一一月、ＮＨＫ出版
「大山町のＣＡＴＶ導入の軌跡」「The まちづくり View」一九九一年、第一法規出版
音好宏「ＣＡＴＶの地域活性化への可能性——大分県大山町の試行・実践から——」「情報通信学会誌二八」一九九〇年八月
石橋正昭「ニュース制作は身近な話題で」「ニューメディア」一九九四年五月号
・ＭＰＩＳ全般について
林茂樹著『ＭＰＩＳ』ニューメディア、一九九六年
林茂樹・佐々木幸人・野口篤太郎「農村型ＣＡＴＶの現状と将来展望」「ニューメディア」一九九四年四月号
林茂樹・坂尾彰「ＭＰＩＳ」「ニューメディア」一九九六年四月号号
・大山の地域おこし、ケーブルの高度化に関して

炭谷晃男「地域おこしの現状と再検討」「レビューＡＯＭＯＲＩ」一九八九年三月
炭谷晃男「ＣＡＴＶの現状と視聴行動」「社会情報研究２」大妻女子大学紀要、一九九四年三月
炭谷晃男「マルチメディア社会のＣＡＴＶ」「社会情報研究３」大妻女子大学紀要、一九九五年三月
炭谷晃男「地域メディアとコミュニティ――ＣＡＴＶの現状と方向性――」、前納・美ノ谷編『情報社会の現在』学文社、一九九八年
山口秀夫「本格的デジタル時代を迎える放送事業者の課題」、「増刊ジュリスト」九七年六月
遠山　廣「トレンド情報―シリーズ［第二回］業界再編成の鍵は、通信業界」、情報通信総合研究所、一九九七年
児島和人「ケーブルテレビと住民の社会的情報発信」、「増刊ジュリスト」九七年六月
船津　衛「ＣＡＴＶの現状と将来」、「増刊ジュリスト」一九九七年六月　有斐閣
林　茂樹「農村における情報化の現状とその役割」中央大学文学部紀要（社会学科第六号）
林　茂樹『地域情報化過程の研究』日本評論社、一九九六年
平塚千尋、金沢寛太郎「コミュニティメディアとしてのＣＡＴＶ」『放送研究と調査』一九九六年一二月
鳥取県「鳥取県のすがた」、平成九年三月
鳥取県「第七次鳥取県総合計画」平成八年
鳥取県企画部企画課「とりネット（公共情報ネットワーク）の概要」「地方自治コンピュータ」平成九年七月号、（財）地方自治情報センター
鳥取県ケーブルテレビ連絡協議会「『とりネット（とっとり公共情報ネットワーク）』の情報を活用したＣＡＴＶ放送システムの実験実施について」、一九九七年五月二一日
鳥取県ケーブルテレビ連絡協議会（事務局長　太田義教）「ＣＡＴＶ県域ネットワーク化に向けて」
石川県「石川県情報化プラン21」
畝村義夫、辻口千鶴子「柳田村有線テレビ放送の現状」

林茂樹著『ＭＰＩＳ』ニューメディア、一九九六年
林茂樹「地域情報化の過程」　船津衛編著『地域情報と社会心理』北樹出版、一九九九年

第四章　アメリカにおけるケーブルテレビ事業発展の要因に関する研究

――ケーブル事業者はどのようなコンテンツをユーザーに提供したのか――

山口秀夫

はじめに――この稿について――

アメリカでケーブルテレビのサービスが始まったのは一九四八年である。地上波テレビの難視解消が目的だった。当初は規模が零細で、ケーブルテレビはテレビ放送のアクセサリーと言われたものである。

それから約半世紀が経過した。今日、アメリカのケーブルテレビ事業は世界でも最大級の規模になった。ニールセン（A. C. Nielsen）によれば、二〇〇〇年二月現在の加入世帯数は六、八六九万三九〇世帯、対テレビ世帯加入率は六八・一％である。加入率では、アメリカより高い国があるが、加入世帯数は世界最大である。年間の売り上げ額も大きい。ポール・ケーガン・アソシエーツ（Paul Kagan Associates）によれば、一九九九年、ケーブルテレビの加入世帯が支払った金額は三六一億一、九〇〇万ドル、広告収入は一一一億九、五〇〇万ドルだった。合計では四八一億一、四〇〇万ドルになる。これは、同じ年の地上波テレビ四大ネットワーク（ＡＢＣ、ＣＢＳ、ＦＯＸ、ＮＢＣ）の売り上げより多い(1)。

アメリカのケーブル事業をこのように大きなものにした要因は何か。メディアの成長に欠かせないのは、ユーザーにとって魅力のあるサービスをリーズナブルな価格で提供することであるとはよく言われるところである。四捨五入して言えば、メディアの発展のカギを握るのはコンテンツである、ということであろう。

この章ではアメリカにおけるケーブル事業発展の要因について、コンテンツ供給の問題を中心に報告する。第一節「難視解消の時代」に続いて、第二節以下では、各年代において、どのようなコンテンツが供給されたのか、それがユーザーを惹きつける要因になったのか、あるいはならなかったのか、ケーブル業界の動向に対して、地上波テレビをはじめとする他のメディアはどのように対応したのか、議会やＦＣＣ（連邦通信委員会）はどのように動いたのか、などについて具体的な事例を中心に報告する。

表題の「ケーブルテレビ」という用語について述べておきたい。この言葉がアメリカの業界で使われるようになったのは一九六〇年代後半以降である。それ以前は「コミュニティ・アンテナ・テレビジョン」（Community Antenna Television）を略してＣＡＴＶという言い方が一般的だった。一九五二年、ペンシルバニア州ポッツタウン（Pottstown）で、業界団体ＮＣＴＡの第一回大会が開かれたが、この時、ＮＣＴＡはNational Community Television Associationの略語だった。(2) その後一九六七年に開かれた第一六回大会で名称がNational Cable Television Associationと改められた。略称は同じＮＣＴＡである。(3) この章では、煩雑さを避けるために、全体を通じて「ケーブルテレビ」という用語を使った。

第一節　難視解消の時代（一九四八年から五〇年代末まで）

一　ケーブルテレビ登場の背景

アメリカで最初のケーブルシステムが建設されたのは一九四八年である。当時、地上波のテレビ局は大都市に集中していた。ケーブルテレビは、まだテレビ局のないところで地上波テレビ放送の難視解消を目的に始まった。この状況が一九五〇年代末まで続いた。

これよりさき、アメリカでは一九三九年四月にテレビの定時放送が始まっている。(4) 二年後の一九四一年七月には商業テレビの本放送が開始された。(5) 同年一二月、日本海軍の機動部隊がハワイの真珠湾を空襲した。アメリカは大戦に突入し、始まったばかりのテレビ放送は停滞を余儀なくされた。(6)

一九四五年の第二次大戦終了に伴い、電子機器メーカーはテレビ受像機の生産を再開した。一九四八年六月ＮＢＣテレビが放送を始めた「テキサコ・スター劇場」（The Texaco Star Theater）が空前のヒットとなった。番組が放送される火曜の夜八時には、ニューヨークの映画館もタクシーも客足がバッタリ落ちると言われた。(7) しかし、この人気番組が見られる地区は限られていた。一九四八年当時、一六のテレビ局があったが、そのほとんどが大都市に集中していたからである。大都市でしか見られないテレビ放送を、テレビ局のない地区で見ることができないだろうか。ケーブルテレビは、このニーズを充たすために始まった。

二　システム第一号は？

初期のケーブルシステムは、家族経営の零細なものが多かった。いわゆる、mom & pop store である。当時、多くのケーブル事業者がやったことは、近くの山の上にアンテナを立てて遠方信号（distant signal　大都市など遠方にあるテレビ局の信号）を受信し、それを有線で希望する家庭に配給することだった。この程度のことならば、若干の資金と簡単な電気工事の技能があれば、誰でも容易にできたのである。

それだけに、ケーブルシステムの第一号を特定することは難しい。一九四八年にいくつかのシステムが作られたが、どれがいちばん早いのか、決めることができないという。当時、ケーブル事業を規制する機関も規則もなかった。だから、営業開始日などが公的な記録として残っていない。これも詳細を知るうえで大きな壁になった。ペンシルバニア州立大学のケーブルテレビ博物館（National Cable Television Center & Museum）の研究チームがこの問題に取り組んだことがあるが、結局、第一号を特定することはできなかった。(8)

複数の第一号候補の中で、比較的よく知られているのは、ペンシルバニア州マハノイ・シティ（Mahanoy City）とランスフォード（Lansford）のケーブルシステム、オレゴン州アストリア（Astoria）のシステムである。

マハノイ・シティのシステムは、家電製品の販売などをやっていたジョン・ウォルソン（John Walson）が一九四八年に建設した。彼は、このために、サービス・エレクトリック・ケーブルテレビ（Service Electric Cable TV, Inc.）という会社を設立した。(9)

ランスフォードのシステムはロバート・タールトン（Robert J. Tarlton）ら四人の家電小売り業者が一九四八年に設立した。この場合も、近くの山の上に大型のアンテナを立てて、フィラデルフィアのテレビ局の信号を受信し、希望者に配給した。(10)

オレゴン州アストリアのシステムは、地元のラジオ局経営者エド・パーソンズ（Ed. Parsons）が一九四八年に建設した。市内のホテルの屋上に大型アンテナを立て、一二五マイル離れたシアトルにあるテレビ局の信号を受信した。(11)

最初のケーブルシステムが建設された一九四八年、年間のテレビ受像機出荷台数がラジオ受信機を初めて上回った。誰もがテレビ時代の到来を実感していた。(12)

三　「テレビ凍結」

この年、九月二九日、FCCは当分の間テレビ局の新規免許申請の受付を中止すると発表した。「テレビ凍結」（TV Freeze）と呼ばれる。(13) 当初、FCCのコイ委員長（Wayne Coy）は、凍結の期間は半年から九カ月ぐらいだろうと述べたが、実際には約四二カ月続いた。(14)

一九五二年四月一四日、FCCは「第六次報告書と命令」を発表して、凍結を解除することを明らかにした。(15) 凍結の影響でテレビ放送の普及は遅れた。これを補ったのが各地に建設されたケーブルシステムである。凍結が解除された一九五二年、ケーブルシステム数七〇、加入世帯数一万四、〇〇〇というデータが残っている（第2表）。

凍結が解除された一九五二年、全米のテレビ局数は一〇八、テレビ受像機所有世帯数は一、五〇〇万だった。七年後の一九五九年、テレビ局の数は五一〇、テレビ受像機所有世帯数は四、三〇〇万になった（第1表）。FCCは、地上波テレビ放送のカバレージが拡大すれば、ケーブルテレビは衰退して行くものとみていた。しかし、現実はそのようにはならなかった。ケーブルシステムの数は一九五二年の七〇から一九五九年には五六〇になり、加入世帯数は一万四、〇〇〇から五五万になった（第2表）。凍結終了後もケーブルの加入世帯が増えたのは、多数のテレビ局が建設されて、テレビ放送の視聴世帯は増えたが、その一方で、テレビ局のカバレージ内に入らなかった世帯が前より

も多くなったためとみられている。(16)

四　地上波テレビのアクセサリー

一九五〇年代、地上波テレビ局とケーブルシステムの関係は比較的良好だった。テレビ放送のカバレージ外でケーブルシステムが建設されれば、そのぶん、視聴世帯が増える。広告放送を財源とする商業テレビ局は、これを歓迎した。中には、ケーブルシステムの建設に際して技術援助をしたテレビ局もある。

この時期、ケーブルシステムの規模は小さかった。一システムあたりの平均加入世帯は一九五二年二〇〇、一九五五年三七五、一九五九年九八二世帯だった（第2表）。ケーブルテレビが地上波テレビ放送の視聴者を増やしたと言っても、個々のシステムがもたらす視聴世帯の増加は、実際はこの程度だった。地上波テレビ局にとって、ケーブルシステムの建設は、小さい中継局ができるようなものだった。ケーブル事業は地上波テレビ放送のアクセサリーに過ぎないと言われたものである。(17)

それでも地上波テレビ事業者の中には、少数ながら、将来ケーブルテレビがライバルになるおそれがあると考えるものがいた。ケーブル事業者が信号の伝送に使う同軸ケーブルが、多チャンネル、双方向通信など、新しいサービスを実現する可能性を持っていたからである。これらの放送事業者は、ＦＣＣに対して、ケーブル事業を規制するよう求めた。

一九五二年、ＦＣＣは、委員会にはケーブル事業を規制する権限がない、という見解を示した。各地で行われているケーブル事業は、州内で行われているので、州際通信の規制を行うＦＣＣの管轄外であるというのが理由だった。(18)
一九五八年、西部の放送事業者がケーブル事業の規制を求めた時も、ＦＣＣは訴えを却下している。(19)

第1表　地上波テレビ局と受像機所有世帯の推移（1950年代）

年	商業TV局	教育TV局	TV局計	TV世帯数	普及率(%)
1950	98		98	3,875	9.0
1951	107		107	10,320	23.5
1952	108		108	15,300	34.2
1953	126		126	20,400	44.7
1954	354	2	356	26,000	55.7
1955	411	11	422	30,700	64.5
1956	441	18	459	34,900	71.8
1957	471	23	494	38,900	78.6
1958	495	28	523	41,925	83.2
1959	510	35	545	43,950	85.9

（TV世帯数の単位は千）
資料：Broadcasting Yearbook 1977

第2表　ケーブルテレビ加入世帯数の推移（1950年代）

年	システム数	加入世帯数	加入率(%)	平均世帯
1950	—	—	—	—
1951	—	—	—	—
1952	70	14	0.1	200
1953	150	30	0.2	200
1954	300	65	0.3	217
1955	400	150	0.5	375
1956	450	300	0.9	667
1957	500	350	0.9	700
1958	525	450	1.1	857
1959	560	550	1.3	982

（加入世帯数の単位は千）
資料：Television & CableFactbook 1999

第二節　モア・チャンネルの時代（一九六〇年代）

一　サンディエゴのシステム

一九六一年、カリフォルニア州サンディエゴにケーブルシステムが建設された。当時、この町には二つのテレビ局があった。CBSとNBCの加盟局である。また、サンディエゴから数マイルのところにあるメキシコ領のティハナ（Tijuana）にABC番組を放送するテレビ局があった。この三つのテレビ局の信号を受信するのは、市販のアンテナで十分だった。

地元にテレビ局があるのだから、難視解消をセールスポイントにすることはできない。ここで多くの加入世帯をあつめるためには新しいサービスが必要だった。

当時、ロサンゼルスにはテレビ局が七つあった。三大ネットワーク（ABC、CBS、NBC）の直営局と四つの独立局である。サンディエゴのケーブル事業者は、高性能アンテナにより約一〇〇マイル離れたロサンゼルスから、七つのテレビ局の信号を移入して、再送信した。ケーブルシステムに加入すれば、地元では見ることのできない独立局の番組が見られる。ネットワーク直営局がロサンゼルスで放送しているローカルニュースも見ることができる。これがセールスポイントだった。加入料は一九ドル九五セント、月間利用料五ドル五〇セントだった。[20]

これが成功した。サンディエゴのシステムは一九六〇年代末までに加入世帯が二万五、〇〇〇になった。単一のシステムでは加入世帯がいちばん多かった。モア・チャンネル（more channel）の魅力が、多数の加入世帯を惹きつけたのである。[21]

西海岸の港湾都市サンディエゴは、テレビ以外に多くのエンターテインメントを楽しむ機会に恵まれた都市といわれる。この町でモア・チャンネルのサービスが成功したことは、ほかの中小都市でも、ケーブルビジネスが成功する可能性が十分にあることを示すものであった。以後、各地でモア・チャンネルを標榜するサービスが次々に始まった。(22)

二　マイクロウェーブの利用

モア・チャンネルのサービスを行うシステムの中には、大都市からテレビ信号を移入する際、マイクロウェーブを使うところが多かった。この場合、ＦＣＣの許可が必要だったが、申請はほとんど自動的に許可された。

マイクロウェーブの使用は、一九五〇年代から一部で行われていたが、盛んになったのは一九六〇年代からである。マイクロウェーブを使用するシステムの数は一九五九年の五〇から、一九六四年には二五〇になった。六六五マイル離れた地区から遠方信号を移入するシステムもあった。(23)

ここで問題が起こった。テレビ局のある町にケーブル事業者が進出して、モア・チャンネルのサービスを行うようになると、地元のテレビ局がそのしわ寄せを受けることになる。サンディエゴのシステムが多数の加入世帯を集めたのは、コンテンツに魅力があったからである。このため、ケーブルの加入世帯では地元のチャンネルを見る時間が少なくなった。地上波テレビにとって由々しい事態である。地上波の事業者がつよく反発したのは当然だろう。ケーブルテレビの初期から続いていた両者の蜜月時代は終わった。

当時、ケーブルシステムのチャンネル容量は六―一二チャンネルというのが一般的だった。ケーブル事業者は、チャンネル・ラインナップを決める際に、遠方信号の再送信を優先させた。中には、地元テレビ局の再送信を全く行わないシステムもあった[24]。

ケーブル事業者にとっては当然の措置だったと言えるだろう。チャンネル容量が少ないのだから、遠方信号を優先した方が加入世帯獲得には有利である。しかし、外される側にとってはたいへんである。問題だったのは、地元局のうち、力の弱いＵＨＦ局が再送信の対象から外されることが多かったことである。

三　苦境に立つＵＨＦ局

アメリカのＵＨＦテレビ放送は一九五二年に始まった。二年後、ＵＨＦ局の数は一二五になった。その後、経営不振で倒産する局が相次ぎ、一九六〇年には七六局にまで落ち込んだ。商業ＵＨＦテレビ局のうち、収支が黒字の局の比率は一九五五年二七％、一九六〇年五〇％、一九六五年六六％である。同じ時期に、黒字のＶＨＦ局は一九五五年六三％、一九六〇年八一％、一九六五年八七％であった[25]。この時期のＵＨＦテレビ局がいかに劣勢であったかが分かる。

特に中小都市のＵＨＦ局は苦しかった。当時、ＵＨＦテレビ用の受像機がほとんど普及していなかったからである。こういう時に、ケーブル事業者が遠方信号の移入再送信を行ったのである。ＵＨＦテレビ局には二重の打撃であった。

一九六〇年代後半以降、放送事業者の間でケーブルテレビを規制するべきであるという主張が盛んになった。ケーブル事業者の中小都市進出で、同じ市場にあるＵＨＦテレビ局の存立が脅かされているというのが、その根拠であった。

四　モア・チャンネルの中身

一九六〇年代、中小都市に進出したケーブル事業者はモア・チャンネルのサービスで多数の加入世帯を獲得した。提供するコンテンツに魅力があったからである。それでは、モア・チャンネルの中身はどういうものだったのか。

当時、中小都市は、テレビ局の数が二局というところが多かった。いわゆる二局地区である。二局地区のテレビ局は、三大ネットワークのうち、先発のCBSとNBCに加盟しており、後発のABCは二局地区に加盟局を持つことができなかった（第3表）。

一方、多くの大都市ではテレビ局が四局以上あった。ネットワークは三つしかなかったので、同一市場にテレビ局が四局以上ある場合は、このうちの三局がネットワーク加盟局になり、ほかの局は独立局になった。当然のことながら、二局地区に独立局はなかった。中小都市に進出したケーブル事業者は、地元の局では見られない、ABCネットワークと独立局の番組をセールスポイントにした。

この時期、ABCの番組で人気があったのは「シャイアン」や「アンタッチャブル」などに代表されるアクション・アドベンチャー・シリーズであった(26)。

独立局は、ハリウッドの映画会社から旧作の劇映画の放映権を取得し、これを繰り返し放送するとともに、ネットワークが放送した番組の再放送権を取得して放送していた。オフ・ネットワーク番組と呼ばれるもので、旧作の劇映画とともに視聴者に人気があった。

二局地区に進出したケーブル事業者は、ABCの番組と独立局の番組をセールスポイントにして、加入世帯を集めることに成功した。全米のケーブルテレビの加入世帯数は一九六一年の七二万五、〇〇〇世帯から一九六五年には一二七万五、〇〇〇世帯に増加した（第4表）。

五　ＭＳＯの誕生

一九六〇年代のケーブル業界で注目されるのは、複数のシステムを所有、運営する事業者が登場したことである。一九五〇年代は家族経営のシステムが多かった。少ない資金でビジネスを始めることができたからである。しかし、マイクロウェーブで遠方信号を移入するためには多くの資金が必要である。

複数のシステムを持つオペレーターはＭＳＯ（Multiple System Operator）と呼ばれる。ＭＳＯの第一号はマサチューセッツ州の二つのシステムが合併して生まれたパイオニア・バレー・ケーブルビジョン（Pioneer Valley Cable-vision）である。(27) 以後各地でシステムの合併が繰り返され、その中から全米各地にシステムを持つ大型のＭＳＯが出現することになった。

ケーブル事業者がサービスを拡大して行くのをみた地上波テレビ事業者は、議会やＦＣＣに対し、ケーブル事業の規制を求めて、盛んなロビー活動を展開した。その結果、それまでケーブル事業を規制する権限がないとしていたＦＣＣが、一転して規制に乗り出したのである。

六　ＦＣＣのケーブルテレビ規制

カーター・マウンテン・ケース　一九六二年二月にＦＣＣが下した裁定がケーブルテレビ規制の始まりだった。カーター・マウンテン・ケース（Carter Mountain Case）と呼ばれる。送信会社のカーター・マウンテン社がケーブル事業者の依頼を受けて、ワイオミング州でマイクロウェーブを使って遠方信号を移入しようとしたところ、地元のテレビ局が反対し、問題はＦＣＣの裁定に委ねられた。はじめＦＣＣは、マイクロウェーブの使用申請を認可したが、その後一転して不許可にするという裁定を下した[28]。カーター・マウンテン社は、この裁定を不服として問題を上級審に持ち込んだ。一九六三年、連邦控訴審はＦＣＣの裁定を支持する判決を下した[29]。同年、連邦最高裁はカーター・マウンテン社の控訴を棄却した[30]。以後一九六〇年代末にかけて、ＦＣＣはケーブル事業に対する厳しいケーブル規制を行うことになる。

第一次報告書と命令　一九六五年四月二二日、ＦＣＣは、ケーブルテレビ事業の規制に関する「第一次報告書と命令」（First Report and Order）を発表した[31]。この中でＦＣＣは、マイクロウェーブを使用して遠方信号を移入再送信するケーブル事業者は、番組伝送が州境を越える、越えないに拘わらず規制の対象とすること、ケーブルシステムは、半径六〇マイル以内にある地上波テレビ局の要求があった場合には、その局の番組を再送信しなければならないこと、移入した遠方信号が地元局の番組と重複する場合には、地元局の放送日の前後一五日間は、遠方信号を再送信してはならないことなどを命じている。地上波テレビ局の保護を目的としたものであった[32]。

第二次報告書と命令　一九六六年三月四日、ＦＣＣは「第二次報告書と命令」（Second Report and Order）を発表した[33]。この中でＦＣＣは、マイクロウェーブの使用不使用に拘わらず、すべてのケーブルシステムを規制の対象とすることを明らかにした。主な規制内容は、①ケーブルシステムは、地元のテレビ局の信号をすべて再送信しなければならない[34]。②ケーブルシステムが移入した番組が地元局の放送番組と重複する場合は、地元局の放送当日は、その番組を再送信してはならない（一九六五年規則よりも禁止期間が短縮された）。③上位一〇〇市場内のケーブルシステムが遠方信号を移入再送信する場合は、公聴会で、それが、パブリック・インタレストに合致することを立証しなければならない[35]。この規則により、ケーブルシステムが上位一〇〇市場に進出することは、事実上不可能になった。

サウスウェスタン・ケース　一九六八年六月一〇日、連邦最高裁は「サウスウェスタン・ケース」について判決を下し、その中で、FCCが、ケーブル事業を規制する権限を持つことを認めた。(36) この訴訟は、サンディエゴのケーブルシステム、サウスウェスタン・ケーブル会社（Southwestern Cable Co.）が、遠方信号の移入再送信を禁止したFCC規則は通信法に違反しているとして国を相手に起こしたものである。連邦高裁がサウスウェスタン側の主張を認めたので、連邦政府が上告した。

連邦最高裁は判決の中で、ケーブルテレビは、州際通信ではなく、したがって、連邦の規制を受けるものではない

第3表　ネットワーク加盟局数の推移（1960年代）

年	ABC	CBS	NBC
1960	87	195	214
1961	104	198	201
1962	113	194	201
1963	117	194	203
1964	123	191	212
1965	128	190	198
1966	137	193	202
1967	141	191	205
1968	148	192	207
1969	156	190	211

資料：各ネットワークの発表による。

第4表　ケーブルテレビ加入世帯数の推移（1960年代）

年	システム数	加入世帯数	加入率（%）	平均世帯
1960	640	650	1.4	1,016
1961	700	725	1.5	1,036
1962	800	850	1.7	1,063
1963	1,000	950	1.9	950
1964	1,200	1,085	2.1	904
1965	1,325	1,275	2.4	962
1966	1,570	1,575	2.9	1,003
1967	1,770	2,100	3.8	1,186
1968	2,000	2,800	4.4	1,400
1969	2,260	3,600	6.1	1,593

（加入世帯数の単位は千）

資料：Television & Cable Factbook 1999.

としたサウスウェスタン側の主張を退けるとともに、ケーブル事業の規制は一九三四年通信法によってFCCに付与された放送事業の規制権に付随する権限（ancillary jurisdiction）であるという判断を示した。

最高裁判決は、FCCがケーブル事業を規制する権限を持つことを最終的に確定したもので、きわめて重要な意味を持つものである[37]。

第三節　ペイケーブルの時代（一九七〇年代）

一　カラー映像の魅力

FCCがカラーテレビ放送の技術方式として現行のNTSC方式を採択したのは一九五三年である。しかしカラー受像機の普及率は一九六〇年一月現在〇・七%と、ほとんどすすまなかった。普及に弾みがついたのは一九六〇年代後半以降で、一九六五年の五・三%から一九七二年には五二・八%と、七年間に普及率が約一〇倍になった（第5表）。

それと併行してケーブルテレビの加入世帯も一九六五年の一二七万五、〇〇〇から一九七二年には六〇〇〇万世帯と、七年間で約五倍になった（第6表）。一九六〇年代後半から七〇年代はじめにかけて、厳しい規制を受けたにも拘わらず加入世帯が増えたのは、ケーブルシステムが伝送するカラー画像が、ケーブルに加入していない家庭が市販のアンテナで受信するものと比べてはるかに鮮明だったからである[38]。

二　スローン委員会報告書

一九六〇年代末から七〇年代はじめにかけて、ケーブルテレビの将来に関する報告書が、多数発表された。スローン委員会（The Sloan Commission）が一九七一年に出した報告書は、その代表的なものである。報告書は、ケーブル加入世帯が一九八〇年代には四〇％ないし六〇％になり、新しいコミュニケーション革命が起こるだろうと予測している。[39]

それまでケーブルテレビに対して厳しい規制を行ってきたＦＣＣも、一九六〇年代末には規制緩和の方向を打ち出していた。一九六八年の選挙で当選したニクソン大統領がケーブルテレビに好意的だったこともケーブル業界には幸いした。[40]

スローン委員会の報告書が出た一九七一年は、商業テレビにとって、最悪とも言える年であった。一月から実施されたシガレットのＣＭ禁止の影響などにより、年間の広告収入が初めて前年を下回った。こうした状況の中で、ケーブルテレビに対する規制緩和政策が実行されようとしていた。それを阻止するために、商業テレビ事業者は猛烈なケーブルテレビ反対キャンペーンを行った。商業テレビ事業者の全国組織ＮＡＢ（National Association of Broadcasters）は、反対運動のために一〇〇万ドル以上の資金を用意したという。[41]

三　一九七二年ケーブル規則

一九七二年二月、ＦＣＣが包括的なケーブルテレビ規則を発表した。主な内容は次のとおりである。[42]

①新たに建設されるケーブルシステムは、ＦＣＣの認可を受けなければならない。

②ケーブルシステムは、地元テレビ局の要請があった場合、その信号を再送信しなければならない。

③ケーブルシステムが移入再送信できる番組は、三大ネットワークの番組のほかに、上位五〇市場内では三つの独立局の番組、五一～一〇〇市場では二つの独立局の番組、一〇一市場以下では一つの独立局の番組とする。

④加入世帯数三、五〇〇以上のケーブルシステムは、かなりの量（to a significant extent）の自主番組を放送すること。

⑤ペイケーブル・サービスには、一九六八年のペイテレビ規則が適用される。

⑥上位一〇〇市場内に建設されるケーブルシステムのチャンネル容量は二〇チャンネル以上であること。

⑦上位一〇〇市場内のケーブルシステムは、パブリックアクセス、教育機関のアクセス、地方政府のアクセス番組のためにチャンネルを用意すること。個人、団体の要請があれば、ケーブルシステムは空きチャンネルをリースすること。

⑧テレビ局は、同一市場内でケーブルシステムを所有できない。全国ネットワークは、ケーブルシステムを所有できない。

FCCの一九七二年規則は、ケーブル事業者と地上波テレビ事業者の互いに対立する主張の中間点をさぐった、妥協の産物と言えるものであった。FCCは、ケーブル事業者に発展の機会を提供するとともに、地上波テレビ事業者を保護する内容を盛り込んだ。この規則は、小規模市場のケーブル事業に厳しい制限を加える一方で、大規模市場のケーブルシステムに対する制限を比較的ゆるやかなものにした。その結果、UHFの独立局など、経済的に脆弱な地上波テレビ局が保護されるとともに、大都市のシステムには、多数の加入世帯を獲得する道が開かれることになった。(43)

四　大都市における不振

ニューヨークの中心マンハッタン地区でケーブルテレビのサービスが始まったのは一九六七年である。高層ビルなどによる都市難視の解消が目的だった。

ニューヨーク市当局は、マンハッタンを南北の二地区に分けて二つの会社にフランチャイズを与えた。南側の営業権を得たのは、スターリング・マンハッタン・ケーブル（Sterling Manhattan Cable）である[44]。

スターリング・マンハッタン・ケーブルは営業開始直後から深刻な資金不足に悩まされた。大都市では条例などにより、ケーブルの地下埋設を義務づけているところが多い。このため、大都市では、システムの建設コストが非常に高くなった。それ以上に、サービスの内容に見るべきものがなかったのが大きかった。ケーブルに加入して得られるメリットが都市難視の解消だけでは、多数の加入世帯をあつめることはできなかった。一九七一年にタイム社は、スターリングの赤字を肩代わりしてシステムの経営権を取得したが、収支は改善されなかった。

そこに一九七二年規則が発表された。ケーブル事業者は、大都市における本格的な活動を認めたこの規則を歓迎した。しかし、事態は一向に改善されなかった。ニューヨークでは、一九七二年規則制定以後も、ケーブルシステムに加入するのはほとんどが都市難視の世帯だった。地上波テレビの信号が良好な状態で受信できる地区では、ケーブルテレビに加入する世帯は少なかった。マンハッタン・ケーブルは経営危機に陥った[45]。

ニューヨークのケーブルシステムが経営不振になったことは、ケーブルテレビ業界全体に大きな衝撃を与えた。全米最大の都市における失敗は、他の中小都市における失敗とは異なり、ローカルの話題というわけには行かないのである。

こうした中で、一九七三年六月にＮＣＴＡ大会が開かれた。話題の中心はペイケーブルだった。大都市に進出したケーブルシステムが成功するためには、独自のサービスを行わなければならなかったからである。ペイケーブルは、その最有力候補だった[46]。

五　揺籃期のＨＢＯ

一九七二年一一月八日、ペイケーブル・サービスＨＢＯがスタートした。ケーブルシステムの空きチャンネルを使って劇映画を中心としたペイテレビ・サービスを行うという、このアイデアを最初に考えたのはスターリング・マンハッタン・ケーブル社の重役チャールズ・ドラン（Charles Doran）だった。一九七一年夏のことである。[47] 話はトントン拍子に進み、翌年一一月サービスを開始した。ＨＢＯの初代社長にはドランが就任した。

ＨＢＯのスタートは、契約世帯数が三六五という、さびしいものだった。開始記念番組は、ニューヨークのマジソン・スクェア・ガーデンでおこなわれたアイスホッケーの生中継と劇映画だった。これを受信したシステムは、ペンシルバニア州ウィルクス・バレ（Wilkes-Barre）にあるサービス・エレクトリック・ケーブルテレビ（Service Electric Cable TV）だけであった。システムのオーナーは、ケーブルテレビの父として知られるジョン・ウォルソンだった。[48]

ドランは、ＨＢＯのサービス開始にあたり、ペイケーブル運営の四原則を作った。

①料金は定額とする。

②ＨＢＯがケーブルシステムの空きチャンネルをリースするのではなく、ＨＢＯとシステムの間で加盟契約を結ぶ。各地のシステムは、加入世帯との契約と料金徴収を行い、ＨＢＯは、そのうちの一定額を受け取る。

③映画を編成の主な柱とし、ほかに、スポーツや各種エンターテインメントの生中継を行う。

④番組の配給は、テープの郵送などによる物流方式ではなく、ニューヨークからマイクロウェーブによる伝送を行う。

当初、四原則はケーブルシステム側の受けがよくなかった。しかし、ドランは強行した。ペイケーブルという新規の事業を成功させるためには、これが正しいやり方であることが分かったのは、かなり経ってからである。それ以後は、他のペイケーブルも、この方式を踏襲した。[49]

一九七三年九月、タイム社はＨＢＯを一〇〇％の子会社にした。その半年前の経営陣の異動で社長のドランが退社し、後任に編成担当副社長のジェラルド・レビン（Gerald Levin）が昇格した。三四歳だった。[50]

六　相次ぐ規制緩和

一九七五年九月三〇日、ＨＢＯは国内通信衛星による番組の定時伝送を開始した。記念番組はフィリピンのマニラで行われたボクシングの世界ヘビーウェイト級選手権試合だった。モハメド・アリとジョージ・フレーザーが対戦した、この試合を衛星経由で受信したのは四つのケーブルシステムだった。当時は、受信専用地球局（ＴＶＲＯ）の建造コストが一台七万五、〇〇〇ドルから一〇万ドルと高かった。ＦＣＣの技術基準により、アンテナの直径が九―一〇メートルと決められていたからである。その後ＦＣＣは、この技術基準を大幅に緩和し、一九七九年には基準そのものを撤廃した。これにより、一九八〇年代はじめには、ＴＶＲＯの値段は一台約五、〇〇〇ドルになった。この値段ならば、小規模のシステムも十分購入できる。各地のシステムは次々にＴＶＲＯを設置してＨＢＯの番組を受信するようになった。ＨＢＯにとって、一つの大きな壁が取り払われたのである。[51]

もう一つ、大きな問題があった。ＦＣＣが一九六八年に制定したペイテレビ規則は、地上波テレビ事業者の権益擁護を目的にしたもので、その内容はペイテレビ事業者にきわめて厳しいものだった。[52]これが一九七二年のケーブルテレビ規則に引き継がれ、ペイケーブル事業者にも、同様の制限が課された。ＨＢＯなどのペイケーブル事業者は連邦議会やＦＣＣに働きかけて、ペイテレビ規則の改定をつよく求めた。ＦＣＣは一九七五年三月にペイテレビ規則を改定したが、その内容は、相変わらず、既存のテレビ事業者寄りのものだった[53]。

一九七五年一一月、ＨＢＯと大手ＭＳＯ六社は、ＦＣＣのペイテレビ規則の内容を不服とする訴えを起こした。一九七七年三月、ワシントン連邦控訴審は、ＦＣＣのペイテレビ規則は憲法違反であるとし、これを無効とする判決を下した[54]。同年一〇月、連邦最高裁はこの判決を支持し、上告を棄却した。これにより、ペイケーブルの番組に関する規制が取り払われることになった。

七　発展するＨＢＯ

国内衛星による定時の番組伝送を開始した一九七五年九月三〇日現在、ＨＢＯの契約世帯は一九万四、九四五世帯だった。同年一二月末には二八万二、〇〇〇世帯、一九七六年一二月末には五九万一、〇〇〇世帯になった。契約世帯はその後も急ピッチで増えて、一九七七年一二月末には一〇〇万の大台を超えた（第７表）。この年の第３四半期、ＨＢＯの経常収支がはじめて黒字になった。この時までに、親会社のタイム社は、このペイケーブル事業のために三、〇〇〇万ドル近い投資を行っていた[55]。

契約世帯はその後も伸び続けた。サービス開始一〇周年の一九八二年一一月八日には一、〇八〇万世帯になった。一、〇〇〇万の大台を超えたのである（第７表）。加入世帯の急増が売り上げの増加に結び付いたのは当然である[56]。

一九七二年にＨＢＯがサービスを始めた時、アメリカの映画界やテレビ界は、この新しいペイテレビ事業に大きな関心を示さなかった。大手の映画会社やネットワークにとって、ＨＢＯは、劇映画やテレビ番組の供給先が一つ増えたという程度にしか映らなかった。このためＨＢＯは、映画会社やテレビ局から、格安の値段で劇映画や番組を入手することができた。映画会社の経営陣が間違いに気づくのは、タイム社の一〇〇％子会社になったＨＢＯが、映画製作市場で強力な存在になってから後のことである。[57]

ＨＢＯの経営陣は、劇映画を購入する際にプリ・バイ（Pre-buying）方式を導入した。これは、劇映画のペイケーブル放映権を、その映画が製作される前に購入するというものである。この方式はＨＢＯの契約世帯が少ない時には、あまり大きな問題にならなかった。その後、ＨＢＯの契約世帯が急速に増加したことから、映画会社の中に、プリ・バイ方式に対する不満が出てきた。劇場公開後にペイテレビ事業者と契約を結ぶ従来の方式では、ヒットした劇映画の放映権料は高くなる。プリ・バイ方式では、それがないというのが、不満の原因だった。一九七〇年代末にはＨＢＯが一年間に支払う放映権料が、ペイテレビ全体の六〇％以上になった。当然のことながら、ＨＢＯは、権料の交渉で優位に立つようになる。大手映画会社にとっては、そのことも不満のタネだった。[58]

一九八〇年四月、コロンビアなど大手の映画会社四社は、ゲティ・オイルとジョイント・ベンチャーを組み、ペイテレビ方式で映画を配給するプレミア（Premiere）を設立した。プレミアは、四社が製作する映画のペイテレビ放映権を、最初の九カ月間、独占すると発表した。ねらいがＨＢＯ潰しにあったのは言うまでもない。[59]

ＨＢＯは直ちに反撃を開始した。プレミアの決定は自由競争の原則に背くものであり、市場独占につながるとして、連邦政府に強く働きかけた。一九八〇年一〇月司法省は、プレミアは映画の製作、配給、上映の全局面を支配することになるとして、独占禁止法違反の訴訟を起こした。一九八一年一月、プレミアは運営を中止し、六月に解散した。[60]

その後も大手映画会社による複数のペイケーブル事業が計画されたが、いずれも実現しなかった。一九八二年一一月、ＨＢＯは、コロンビア、ＣＢＳと組んでトライスター映画（Tri-Star Pictures）を設立し、直接、映画製作に乗り出すことになった[61]。

八　カウンター・プログラミング

ＨＢＯの番組編成は劇映画とスポーツが中心だった。二つのジャンルとも、それまで、地上波テレビが放送してきたものである。両者の違いは、地上波のネットワークはシリーズ番組が編成の中心であり、劇映画とスポーツは随時放送するスペシャル番組であるのに対して、ＨＢＯは劇映画とスポーツがコンテンツの大半を占めていたということである。

国内衛星による番組配給を開始してから後は、ＨＢＯのサービス対象は全米の視聴者であった。ＨＢＯのような後発のネットワークが、先発の三大ネットワークと同様の編成をやったのでは成功はおぼつかない。ＨＢＯが、ネットワークの編成では周辺部分にあたる劇映画とスポーツを中心にしたのは、それによって、独自色を出そうとしたからである。一種のカウンター・プログラミングである。

第５表　テレビ受像機普及の推移（1955年―1980年）

年	テレビ世帯数	モノクロ普及率	カラー普及率
1955	30,700	64.5(%)	0.02(%)
1960	45,750	87.1	0.7
1965	52,700	92.6	5.3
1970	59,700	95.2	39.2
1971	61,600	95.5	45.1
1972	63,500	95.8	52.8
1973	65,600	96.0	60.1
1974	66,800	96.1	67.3
1975	68,500	96.3	70.8
1976	70,500	96.4	73.3
1977	71,200	97.4	76.0
1978	72,900	97.6	81.0
1979	74,500	97.7	83.0
1980	76,300	97.9	85.0

（テレビ世帯数の単位は千）

資料：Television Factbook 1981

初期の頃、HBOは「ノーカット、ノーコマーシャル」ということを盛んに強調した。地上波ネットワークの場合は、放送時間に合わせるために映画の一部をカットすることがある。CMによる中断もある。映画館で上映することを目的に製作された映画は、当然のことながら、CMによる中断を予想して作られてはいない。CMを挿入するためにナチュラル・ブレークを用意するテレビ番組とは、作り方が違うのである。コマーシャルによる中断なしに、家庭で劇映画をたのしめます、というHBOのキャッチフレーズは、地上波ネットワークの番組を見慣れたものにとって、新鮮な響きがあったという。

HBOの料金が月六―一〇ドル（地区により異なる）であったのも、ユーザーにとって、割安の感じがした。郊外に住む若い夫婦が都心の映画館に出かける場合、ベビーシッターの支払い、食事代、映画のキップ代などを合計すると、ひと晩で四〇―五〇ドルはかかる。HBOに加入すれば、家でゆっくり劇映画をたのしむことができるし、料金も、映画館に行くより、はるかに安いというわけである。

第6表　ケーブルテレビ加入世帯数の推移（1970年代）

年	システム数	加入世帯数(千)	加入率(%)	平均世帯
1970	2,490	4,500	7.6	1,807
1971	2,639	5,300	8.8	2,008
1972	2,841	6,000	9.6	2,112
1973	2,991	7,300	11.1	2,441
1974	3,158	8,700	13.0	2,755
1975	3,506	9,800	14.3	2,795
1976	3,651	10,800	15.5	2,958
1977	3,800	11,900	17.3	3,132
1978	3,875	12,500	17.1	3,355
1979	4,150	13,600	18.3	3,398

資料：Television Factbook 1980

九　スーパーステーション

一九七六年一二月、ジョージア州アトランタの独立局WTBS（当時はWTCG）が国内通信衛星による番組伝送を開始した。対象は全米各地のケーブルシステムである。後に、スーパーステーションの名で有名になるこのサービスは著名なヨットマン、テッド・ターナー（Ted Turner）が始めた。ターナーは地元のコモンキャリアＳＳＳ（Southern Satellite Systems）を経由してＷＴＢＳの番組をＲＣＡのサトコム衛星に送り、全米に伝送した。

スーパーステーションはベーシックケーブルだった。ＨＢＯとは異なり、ケーブル加入世帯では、この番組を自由に視聴することができた。ターナーが受信システムに要求したのは、加入一世帯あたり一〇セントを伝送料としてＳＳＳに支払うことだった。これだけの出費で、劇映画とスポーツを主体にしたＷＴＢＳの番組を視聴できる。ケーブルシステムの経営者としては、無料で魅力のある番組を入手することができる、というのがターナーの言い分だった。これが受けた。スーパーステーションＷＴＢＳを受信するシステムは、開始当初の二〇から二年目には二〇〇、三年目には二、〇〇〇を超えた(62)。

スーパーステーションＷＴＢＳのサービスは、ＵＨＦ独立局の番組を、衛星を経由して、各地のケーブルシステムに送るというものである。ＷＴＢＳの番組はスポーツ中継と劇映画が中心でだった。二四時間放送である。スポーツと劇映画は、ほかの独立局でも編成の目玉にしているが、ＷＴＢＳの場合は、他の独立局と比べて、スポーツ中継と劇映画の放送回数が圧倒的に多いというのが、大きな特色で

第７表　HBO契約世帯数の推移（1972年―1982年）

年月日	システム数	契約世帯数
72.11.08.	1	365
72.12.31.	1	1,395
73.12.31.	14	8,000
74.12.31.	42	57,000
75.12.31.	101	282,000
76.12.31.	262	591,000
77.12.31.	435	1,000,000
78.12.31.	731	2,000,000
79.12.31.	1,755	4,000,000
80.12.31.	2,500	6,000,000
81.12.31.	3,330	8,500,000
82.11.08.	3,600	10,800,000

資料：HBO

ある。ターナーが大リーグ野球のアトランタ・ブレーブス、NBAのアトランタ・ホークスのオーナーだったこと、かねてから、多数の劇映画の放映権を取得していたことが、スーパーステーションの成功に大いに役立ったといわれている。この場合も、一種のカウンター・プログラミングと言えるだろう。

ペイケーブルのHBOとスーパーステーションのWTBS。この二つのサービスが、一九七〇年代のケーブル事業を代表するコンテンツだった。これにより、一九七〇年代後半以降、ケーブルテレビの加入世帯が年々伸びて行くのである（第6表）。

第四節　ベーシックケーブルの時代（一九八〇年代）

一　飛躍の一〇年間

アメリカのケーブルテレビ史のうえで、一九八〇年代は大いなる飛躍の一〇年間だった、ということができるだろう。この一〇年間、まず、加入世帯数が大幅に増加した。調査会社のニールセンによれば、ケーブルテレビの加入世帯は一九八〇年の一、七六七万から一九八九年には五、二五六万になった。対テレビ世帯加入率は二二・六％から五七・一％になった（第8表）。

一九八〇年代を通じて、全米の世帯の九八％以上が受像機を所有していた。ほぼ、全世帯と言ってよい。一九八〇年代はじめ、ケーブルテレビの加入世帯は五軒に一軒だった。それが一九八〇年代末には二軒に一軒が加入するまでになった。飛躍の一〇年間といわれるゆえんである。

加入世帯の増加とともに、ケーブルシステムのチャンネル容量も多くなった。一九八〇年にはチャンネル容量が一二以下のシステムは全システムの四三・二％だった。一九八九年には全システムの五三・五％が三〇チャンネル以上の容量を持つようになった[63]。このようにチャンネル容量の多いシステムが多くなったのは、ハード面では、技術の進展により大型システムの建設が比較的容易になったからであり、ソフト面では、ケーブルネットワークの数が増えて、サービス内容が多彩になったからである。

二　ベーシックケーブルの進展

八〇年代はベーシックケーブル・ネットワークの伸びが著しかった。これに対して、ペイケーブル・ネットワークの数は八〇年代を通じて伸び悩んだ。ケーブルネットワークの一〇年間の推移は別表に示すとおりである（第９表）。

三　過当競争のペイケーブル

一九八〇年の時点で運用中のペイケーブル・ネットワークは八つだった。このうち、多数の契約世帯を集めることに成功したのは、業界でファウンデーション・サービスと呼ばれたＨＢＯ、ショウタイム（Showtime）、シネマックス（Cinemax）、ムービー・チャンネル（The Movie Channel）の四つである。ショウタイムは大手メディア会社のヴァイアコム（Viacom）が一九七六年七月に設立した。衛星による伝送開始は一九七八年三月である。ムービー・チャンネルはワーナー・アメックス（Warner-Amex）が設立し、一九七九年一二月にサービスを開始した。シネマックスは、タイム社がＨＢＯの一〇〇％子会社として設立したもので、一九八〇年八月にサービスを開始した。ムービー・チャンネルとシネマックスは、最初から衛星を使って一日二四時間の番組配給を行った[64]。

新しい二つのネットワークがいずれも二四時間サービスを実施したので、先発のＨＢＯ、ショウタイムは、それに対抗する必要に迫られた。一九八一年七月にショウタイムが、九月にＨＢＯが二四時間サービスに移行した(65)。

問題は、この四つのケーブルネットワークが、いずれも劇映画をサービスの主体にしていたことである。ＨＢＯが衛星による番組配給を開始したのは一九七五年であり、契約世帯が一〇〇万を超えたのは一九七七年末のことである。それから三―四年の間に劇映画を全米に配給するケーブルネットワークの数が四つになったわけで、これは明らかに過当競争であった。これ以後ペイケーブル業界ではＨＢＯなど四社による激しいシェア争いが展開されることになった。

四　劇映画の重複

ペイケーブル・ネットワークの収入は契約世帯が支払う受信料である。契約世帯が増えれば収入は増加し、反対に契約世帯が減れば収入は減少する。劇映画を主体とする場合、多数の視聴者を惹きつける魅力のある作品をたくさん用意しなければならない。しかし、そのような作品は年に何本もできるものではない。

一方で、チャンネル容量の多いケーブルシステムでは、複数のペイケーブル・ネットワークと契約するよう勧めた。ケーブルテレビの加入世帯が複数のペイケーブルと契約すれば、それだけ、オペレーターの売り上げが増えるからである。折からＨＢＯの契約世帯が急速に伸びている最中であり、加入世帯の間ではペイケーブルの人気が高く、複数のペイサービスを受けたいという希望が多かった。げんに、多くの加入世帯が複数のネットワークと契約した。要するに、ペイケーブル・ブームだった。

一九八一年三月、事件が起こった。この月、ＨＢＯとショウタイム、ムービー・チャンネルの三つのファウンデーション・サービスが、フランシス・コッポラ監督の『地獄の黙示録』(*Apocalypse Now*)を、そろって月間の目玉商品にしたのである(66)。

超大作が三つのネットワークで同じ月に放送されたことは、多くの契約世帯にとって、大きな驚きだった。当然のことながら、オペレーターは、複数ネットワークと契約すれば、作品を選択する幅が広がることを勧誘の決め手にした。作品の重複があるということは、言っていなかった。それが、よりによって、月間の目玉商品が重複したのである。翌月、契約解除件数が多かったのは言うまでもない。特に、HBO以外のネットワークは解約件数が多かった。解約する時も、多くの加入世帯は一つのネットワークだけは残した。一つにしぼる際にHBOを残すという例が多かった。先発ネットワークの強みだった。

一九八三年一月、ショウタイムとムービー・チャンネルが合併した。二、三位連合である。合併後も、別個のネットワークとして放送を続けたが、契約世帯はそれほど増えなかった。劇映画の重複の影響も大きかったが、それ以上に、ベーシックケーブル・ネットワークの数が増えて、サービス内容が多彩になったことが、ペイケーブル・ネットワークの人気が落ちる原因だった(67)。

五　ベーシックケーブルの時代

加入世帯数の増加に伴い、ベーシックケーブル・ネットワークの受信世帯も増加した。ベーシックケーブル・ネットワークの財源は、番組を受信するケーブルシステムが支払う受信料（subscriber fee）と広告収入の二本立てになっている。このうち、受信料はケーブルシステムが加入世帯数に応じて支払うもので、個々のネットワークにより料金が異なる。例えば、一九八〇年代末、一世帯あたりの受信料（月額）はCNNが二三セント、TDC（The Discovery Channel）が四セント、ESPNが三二セント、USAネットワークが一八セントだった(68)。

このように、受信料の額は小さいが、ベーシックケーブル・ネットワークの受信世帯数が多くなると、総額では相当な金額になる。例えば、CNN、ESPN、TDCなどのネットワークでは、売り上げの総額に占める受信料収入の比率が五〇％前後に達したという。残りが広告収入である(69)。

ベーシックケーブル・ネットワークの中で、最初に受信料を設定したのはESPNである。それまでにもスーパーステーションWTBSなどのように、受信するケーブルシステムの加入世帯数に応じて料金を受け取るケースがあったが、それはコモンキャリアの取り分になるというところが多かった。ESPNが受信料のシステムを導入したのは一九八三年であるが、その後、多くのベーシックケーブル・ネットワークが追随した。前述のように、ケーブルテレビ加入世帯の増加に伴い、各ネットワークの受信料収入も増えた。これがネットワークの番組強化のために役立った。天気予報専門ネットワークTWC（The Weather Channel）会長のジョン・ウィン（John Wynne）は「受信料収入がなかったら生き残ることは出来なかっただろう」と話している(70)。

八〇年代後半は、ベーシックケーブル・ネットワークの広告放送収入も増加した（第10表）。

六　ベーシックケーブルの事例その一　MTV

一九八一年八月にサービスが開始されたベーシックケーブル・ネットワークのMTV（Music Television）は、ミュージック・ビデオを中心に二四時間の音楽放送を行うというもので、それまでの地上波テレビにはない、新しいタイプのサービスだった。その意味で、MTVの番組編成はケーブルテレビがはじめて生み出した、独自のサービスということができるだろう。MTVのコンセプトを開発したトム・フレストン（Tom Freston）は、ラジオの音楽専門局のフォーマットを参考にしたという。フレストンは、当初からMTVの成功を確信していたというが、これほどの

ヒットになるとは思っていなかったという。(71)

ＭＴＶのサービスが始まる前は全国向けのミュージック・ビデオ・ネットワークはなかった。ＭＴＶの登場以前、レコード会社はほとんどビデオを制作していなかった。制作しても、配給先がなかったからである。ミュージック・ビデオを主体とする音楽チャンネルの持つ大きな強みは、音楽市場では各種コンサートや新譜の発売など、商品の補給が間断なく行われているという点にある。この点は、一年中様々なイベントが続くスポーツの市場とよく似ているが、スポーツ中継とは異なり、ミュージック・ビデオは何回も繰り返し利用できるのが強みである。

ＭＴＶの成功をみて、ミュージック・ビデオのネットワークが次々に登場した。特に、ＭＴＶを持つヴァイアコムは、一〇代の後半から二〇代前半の青少年に人気があるＭＴＶに続いて、二五歳から四九歳までの音楽ファンを対象にしたミュージック・ビデオ・ネットワークＶＨ―１（Video Hits One）を一九八五年にスタートさせ、他を大きくリードした。

七　ベーシックケーブルの事例その二　ＥＳＰＮ

一九七九年九月にスタートしたＥＳＰＮは、スポーツ専門のケーブルネットワークである。このアイデアを考え出したのは、アイスホッケー・チームの広報担当だったウィリアム・ラスマッセン（William Rasmussen）で、はじめは、コネチカット州をサービスエリアとするリージョナル・ネットワークを作ることを考えていたという。それならば、マジソン・スクェア・ガーデン・ネットワーク（一九六九年開始）という先例がある。それがナショナル・ネットワークになったのは、衛星を利用すれば、リージョナルと殆ど変わらぬ費用で全国向けサービスができることが分

かったからである。(72)

全国ネットワークとして発足するために必要な経費は、大手の石油会社ゲティ・オイルが出した。一、〇四〇万ドルを支出したゲティがＥＳＰＮのオーナーになった。サービス開始後ＥＳＰＮの受信世帯は順調に増え、一九八四年に初めて黒字を計上した。この年、ゲティは株式の一五％をＡＢＣに売却した後、テキサコに乗っ取られた。テキサコはケーブル事業に関心を示さず、ＥＳＰＮの株式八五％をＡＢＣに売却した。その後ＡＢＣはＥＳＰＮの株式二五％をナビスコに売却した。(73)

新規のケーブルネットワークにとって大事なことは、サービス開始前に多数の受信世帯を確保することである。そのぶん、ＣＭのレートを高くすることができるし、受信料収入も多くなるからである。しかし、打診を受けた大手ＭＳＯの幹部の中には、スポーツ専門のネットワークが成功するかどうか、疑わしいという意見が少なくなかった。説得はかなり難航した。結局は、ラスマッセンの粘り勝ちだった。大手ＭＳＯはＥＳＰＮを受信することを承諾した。一九八七年、ＥＳＰＮはＮＦＬフットボールの独占放映権を獲得した（年間七試合）。大手ＭＳＯの協力が大きかった。以後、ＥＳＰＮは、毎年、ＮＦＬの試合を中継している。これがケーブル業界におけるＥＳＰＮの地位を比類のないものにした。

八　「一九八四年ケーブル法」

アメリカのコミュニケーション政策に関する基幹の法律は「一九三四年コミュニケーションズ法」(Communications Act of 1934) である。その名の通り、一九三四年に成立した。この法律に基づき、連邦通信委員会（ＦＣＣ）が設立された。ケーブル事業は一九四〇年代末に始まったので、当然のことながら、この法律には、ケーブルテレビに関する条項はない。一九六〇年代半ば以降ケーブル事業に関する一連のＦＣＣ規則が制定された。その後、約二〇年間ケーブル事業はＦＣＣ規則による規制を受けた。

「一九八四年ケーブル法」（Cable Communications Policy Act of 1984）はケーブル事業に関する最初の法律である。成立後、「一九三四年コミュニケーションズ法」に組み込まれた（三四年法に新しくTitle VIが追加された）。以下は、「八四年ケーブル法」の概要である。(74)

①ケーブル事業は映像番組をワン・ウェイで供給するサービスであると定義された。双方向サービスはこの法律では取り扱っていない（六〇二条）。

②自治体は、パブリック、教育、自治体用アクセス・チャンネルの設置を求めることができる（六一一条）。

③三六チャンネルを超える容量を持つケーブルシステムは、そのうちの一〇ないし一五％を外部のリース用としなければならない（六一二条）。

④ケーブル事業者はサービスエリア内でテレビ局、電話会社を所有してはならない。ＦＣＣはケーブル事業者の他メディア所有について規則を制定することができる（六一三条）。

⑤フランチャイズを発行する自治体は、ケーブル事業者に対してフランチャイズ料金を課することができる。

第８表　ケーブルテレビ加入世帯数の推移（1980年代）

年	加入世帯数	加入率(％)
1980	17,671,490	22.6
1981	23,219,200	28.3
1982	29,340,570	35.0
1983	34,113,790	40.5
1984	37,290,870	43.7
1985	39,872,520	46.2
1986	42,237,140	48.1
1987	44,970,880	50.5
1988	48,636,520	53.8
1989	52,564,470	57.1

資料：A. C. ニールセン（各年11月現在）

料金の上限はケーブル事業者の総収入の五％とする（六二二条）。

⑥ケーブルシステムが加入世帯に課する基本料金について、連邦および州政府の料金規制を撤廃する（六二三条）。

⑦ケーブル番組の盗視（signal theft）は刑事罰の対象とする（六三三条）。

⑧ＦＣＣが定めた地上波テレビのＥＥＯ（雇用の機会均等）規則は、ケーブル事業者に適用される（六三四条）。

⑨合衆国憲法の保護対象外のわいせつな場面を放映したケーブルシステムには罰金が課せられる（六三九条）。

第９表　ケーブルネットワークの推移（1980年代）

年	ベーシック	ペ　イ	PPV	その他	合　計
1980	19	8		1	28
1981	29	9			38
1982	30	11	1		42
1983	31	11	1		43
1984	37	10	1		48
1985	41	9	4	2	56
1986	54	8	4	2	68
1987	61	9	5	1	76
1988	64	8	5	1	78
1989	64	5	4	3	76

資料：NCTA

第10表　ケーブルテレビの広告放送収入
（1985年～89年　単位百万ドル）

年	ネットワーク	リージョナル	ローカル	合　計
1985	634	14	167	815
1986	746	22	195	963
1987	868	33	268	1,169
1988	1,111	49	368	1,528
1989	1,401	74	488	1,963

資料：ポール・ケーガン・アソシエーツ

「八四年ケーブル法」は、ケーブル事業に対する連邦および自治体の規制に厳しい制限を設けた。ケーブル事業者にとって規制緩和色の濃い内容だったと言える。特に、基本料金に対する規制撤廃が歓迎された。料金の自由化は法律の成立（一九八四年一二月）から二年後とされたので、具体的にはケーブルシステムの基本料金が値上げされたのは一九八七年以降である。しかし、値上げがあまりにも急ピッチで行われたためにユーザーのつよい反発を招くことになった。

第五節　競争激化の時代（一九九〇年代）

一　「一九九二年ケーブル法」

一九九二年一〇月、「一九九二年ケーブル消費者保護および競争法」（Cable Television Consumer Protection and Competition Act of 1992）が制定された。この法律は、いったん連邦議会を通過した後、ブッシュ大統領の拒否権発動で議会に差し戻された。再票決が行われた結果、上下両院とも圧倒的多数の賛成票を得て成立した。「九二年ケーブル法」は、それまで進められてきたケーブル事業の規制緩和から一転して規制色の濃い内容になっている。「八四年ケーブル法」の成立から一〇年経たないうちに連邦議会のケーブル政策が一八〇度転換したことになる。

このように規制環境が変わったのは、「八四年法」で自由化された基本サービスの料金が一斉に値上げされたことに対して、利用者および議会がつよく反発したためである。基本料金の月額は一九八四年の九ドル二〇セントから一九八七年には一三ドル二七セント、一九九〇年には一七ドル五八セントになった。自由化が実施されたのは一九八六年末であるから、これは、急速な値上げと言うべきであろう。中には、自由化以後の五年間で、基本料金がインフレによる物価の値上がりと比べて三倍になったというシステムもある。(75)

「九二年法」では新たに「再送信同意」(retransmission consent)の条項が加えられた。地元の商業テレビ局は、自局の信号を再送信するケーブルシステムに対し、再送信に同意する代償として料金を請求できるというもので、料金の交渉は三年ごとに行われる。(76)

この条項が設けられた背景には、地上波テレビ局の再送信がケーブルシステムにとって欠かせないものになっているという現実がある。当然ながら、ケーブルシステムが再送信の同意を求めるのは視聴者に人気のあるテレビ局の信号である。それ以外の商業テレビ局は、ケーブルシステムに対して信号の再送信を要求することができる(マスト・キャリー規則)。非商業テレビ局の場合は、マスト・キャリー規則の適用を求めることができるが、再送信同意を求めることはできない。

マスト・キャリー規則については、一九八〇年代後半に二度にわたって連邦控訴審で憲法違反の判決を受けたが、一九九七年に連邦最高裁は、地上波テレビ放送の保護は国益にかなうとして、規則を支持する判断を示している。(77)

「一九九二年法」がSMATV、MMDS、DBSなどの多チャンネルサービスに対して、ケーブルネットワークへのアクセスを認めたことも重要である。これにより、ESPNやHBOなど、ケーブルの加入世帯で人気のケーブルネットワークの番組が、ほかの多チャンネルサービスに開放されることになった。ケーブルネットワークは、ほかの事業者から要求があった場合には、ケーブルシステムと同じ価格で提供しなければならない。この条項は二〇〇二年までという時限付きであるが、この分野で先行し、ほとんど独走していたケーブルネットワークにとっては、強力なライバルが出現する可能性があるという点で、きわめてきびしいものと受け止められたのである。(78)

二　アクセス番組の周辺

ケーブルシステムによるローカル番組制作はそれほど盛んではない。約一万一千のケーブルシステムのうち、時報、天気予報、番組ガイドなどの自動送出番組以外に、ローカル番組を放送しているのは、全体の約三分の一程度である。(79)

ローカル番組は、コマーシャル・ベースの番組と、ノンコマーシャルのパブリックアクセス番組（以下、アクセス番組という）の二つに大別される。前者は、ケーブルシステム自身が制作、放送し、後者は、個々の市民や学校、地方自治体などの非営利機関、団体などが制作するものである。

ケーブルテレビが持つ多チャンネルの特性を活かして、チャンネルの一部をアクセス番組の放送にあてるという考えは、かなり前からあった。この動きは、一九六〇年代に入って、全米各地で盛んになった市民権運動をはじめとする、様々な運動により加速された。

一九七一年四月、アクセス番組関連の実験を行うため、ニューヨーク大学にオルタネット・メディア・センター（Alternate Media Center　略称ＡＭＣ）が設立された。ＡＭＣは別途設立されたプロジェクト、オープン・チャンネル（Open Channel）と協力して、市民グループのアクセス番組制作を支援した。このプロジェクトの担当者がいちばん苦労したのは、アクセス番組を制作するために、コミュニティの人たちを説得して、重い腰を上げさせることだった。当時、ほとんどの市民は、テレビ番組というものは専門家が作ったものを一般の視聴者が見るものであり、市民自身がテレビ番組を制作し、その中で、政府に対して意見や希望を言うことなど、思いもよらないことだったというのである。(80)

一九七二年二月、FCCが包括的なケーブルテレビ規則を発表し、その中で、上位一〇〇市場内にあるケーブルシステムに対してアクセス・チャンネルを設けることを義務づけた（第三節「一九七二年ケーブル規則」参照）。アクセス・チャンネルの義務づけは、FCCのニコラス・ジョンソン（Nicholas Johnson）委員（当時）の働きかけが大きかったという。(81)

しかし、これにより、全米のケーブルシステムで、アクセス・チャンネルの利用が活発になるということにはならなかった。アクセス番組は、ケーブルシステムの専門スタッフではない、市民グループが制作するものである。活動が盛んになるためには、番組を作るアマチュアの人たちを支援するアクセス・センターなどの組織がしっかりしていなければならない。こうした組織は、短時日のうちにできるものではないのである。(82)

一九七九年四月、連邦最高裁は七二年ケーブル規則の中でパブリック・アクセス・チャンネルの設置を義務づけたFCCの決定を無効とする高裁の判決を支持する裁定を下した。この最高裁の判決は、アクセス番組の制作活動に携わっていた人たちにとって大きな衝撃だった。これにより、アクセス活動が一気に衰退に向かうのではないかと危惧されたからである。(83)

しかし、最高裁の判決が出た後、アクセス活動が従来よりもいちだんと盛んになったのである。理由はいろいろ考えられるが、最大のものは、七〇年代を通じて行われてきた全米各地のアクセス活動が、約一〇年の年月を経て、ようやく定着したということであろう。アクセス活動は、きわめて地味なものであり、したがって、短い期間に成熟するものではない。同時に、いったん定着した場合には、簡単に消え去るような性質のものではないのである。

「アクセス・マネジャーのハンドブック」を書いたロバート・オリンゲル（Robert S. Oringel）は、アクセス活動を成功させるためには、活動の要になるアクセス・センターの運営について、次のような注意が必要だという。これ

は、アクセス・センター運営のための基本的なチェックリストである。(84)

●市民が、容易にアクセス・チャンネルにアクセスできるようにすること。

●アクセス・マネジメントをガラス張りにして、だれが見てもよく分かるようにすること。

●アクセス番組を制作するために、十分な資金を用意すること。資金源は、できるだけ広汎にわたることがのぞましい。

●アクセス番組を制作するために、十分、かつ適当な設備と機器を用意すること。

●アクセス・スタッフとしてディレクターのほか、資金の許す限り多数の人員をそろえること。

●アクセス活動の運用規則、諸手続きを、明確にしなければならない。アクセス・センターの利用者の便に供するように、それを書面にしておくこと。

●アクセス番組の制作を行うボランティアのための研修を定期的に行うこと。

●アクセス活動を円滑に行うために、関係機関との協力体制を確立しておかなければならない。

三　「一九九六年テレコミュニケーションズ法」

一九九六年二月、連邦議会上下両院が大幅な規制緩和を骨子とする通信法の改定案を可決した。後に大統領の署名を得て成立する「一九九六年テレコミュニケーションズ法」(Telecommunications Act of 1996) である。これによりルーズベルト大統領時代の一九三四年に制定された通信法の中身が六二年ぶりに大きく変わった。

一九九六年法による規制緩和は、地上波テレビ事業に関するものが多い。特に、テレビ局の所有について一社が所有できる局のカバレージの上限をそれまでの二五%から三五%に引き上げたことが、大手の放送事業者にとって、大きなメリットになるとされた。連邦議会が改定案を可決した二月一日、放送会社の株価が上がったのは、それを示していると言えるだろう。テレビ事業者が同一市場におけるケーブルシステムの所有を禁止していた従来の規則も、一部の規定を残して撤廃されることになった。これにより、地上波テレビ・ネットワークがケーブルシステムを所有することができるようになった。

第11表　ケーブルテレビ加入世帯数の推移（1990年代）

年	加入世帯数	加入率(%)
1990	54,871,330	59.0
1991	55,786,390	60.6
1992	57,211,600	61.5
1993	58,834,440	62.5
1994	60,495,060	63.4
1995	62,956,470	65.7
1996	65,654,160	66.7
1997	65,929,420	67.3
1998	67,011,180	67.4
1999	68,537,980	68.0

資料：A. C. ニールセン

第12表　MSOトップテン

	MSO	加入世帯数
1	AT & T Broadband & Internet Services.	11,818,721
2	Comcast	7,109,300
3	Time Warner Cable	6,508,300
4	Charter Communications	5,804,073
5	Time Warner Entertainmnet-Advance/Newhouse	5,504,000
6	Media One	5,099,548
7	Adelphia Communications	4,990,092
8	Cox Communications	4,768,070
9	Cablevision Systems	3,492,377
10	AT & T Broadband/Time Warner	1,080,000

資料：Cablevision 2000. 8. 3.

ケーブルテレビの料金規制も緩和されることになった。「九二年ケーブル法」で再規制を受けたベーシックケーブルの料金も、いわゆるアッパー・ベーシック・ティア（upper basic tier）の料金が一九九九年三月末までに自由化されることになった。(85)

「一九九六年法」は、電話事業者とケーブル事業者が、それぞれ相手の分野に参入することを認めた。これにより、AT&T（アメリカ電話電信会社）をはじめとして、多くの電話会社がケーブル事業に本格的に進出することになった。最近では、AT&TがMSOランキングのトップを占めている（第12表）。

「九二年ケーブル法」でケーブルネットワークに対するアクセスが自由化された効果は、すぐにあらわれた。一九九四年にスタートしたデジタル衛星放送（DBS）のディレクTVがサービス開始後一年で、同社のサービスを受けるために必要な専用デコーダーの出荷台数が一〇〇万台を超えたのである。それまで民生用エレクトロニクス機器の出荷台数が一〇〇万台を超えるまでに、カラーテレビは八年、VCRは五年、CDは三年かかった。ディレクTVのデコーダーが一年でそれをクリアすることができたのは、ケーブルネットワークの自由化が大きいとされる。げんに、ディレクTVは、多数のケーブルネットワークをそろえて、それをセールスポイントにした。DBSの加入世帯が伸びる一方で、ケーブル世帯数の伸びは鈍化している（第11表）。

デジタル時代を迎えて、ケーブルテレビをめぐる競争はますます激しくなりそうな気配である。

（1）Broadcasting & Cable, March 6, 2000. p. 11.
一九九九年の四社の売り上げは次のとおりである。
ABC　七五億一、二〇〇万ドル

CBS　七三億七、三〇〇万ドル
FOX　六〇億九、五〇〇万ドル
NBC　五七億九、〇〇〇万ドル

売り上げは各社とも、ラジオ部門、テレビネットワーク部門、直営テレビ局部門、ケーブル部門などの合計。NBCにはラジオ部門がない。

（2）Broadcasting, June 9, 1952.

（3）Broadcasting, May 29, 1967.

（4）一九三九年四月三〇日ニューヨーク世界博（New York World's Fair）が開幕した。博覧会のテーマは「明日の世界」（World of Tomorrow）だった。開幕式典をテレビで中継したNBCは、これを契機にテレビの定時放送を開始した。親会社のRCAは一九二八年からニューヨークでテレビの実験放送を実施していた。これと併行してニュージャージー州カムデンのRCA研究所ではアイコノスコープを開発したウラジミール・ズボルキンの指導でテレビ技術の研究開発がすすめられた。その成果をもとにRCA首脳はテレビ放送を一般公開することを決め、世界博を機会にテレビの定時放送を開始した。

（5）テレビの定時放送を開始したNBCは、FCCに対して、商業テレビ放送の開始を認可するよう強く求めた。一時、態度を保留していたFCCは一九四〇年七月、受信機メーカーの代表など一五社で構成される全米テレビ方式委員会（National Television System Committee）を発足させた。委員会の審議をもとにFCCは一九四一年五月三日、走査線五二五本、映像コマ数毎秒三〇コマ、音声はFM使用などを骨子とする、白黒テレビの技術基準を定め、これにより、同年七月一日から商業テレビ局の運営を認可すると発表した。

七月一日ニューヨークでNBCとCBSが商業テレビ放送を開始した。WNBTとWCBWである。WNBTの初日の番組は時報、天気予報、ニュースとクイズ番組だった。時計のブローバなど四社がスポンサーになった。当時のWNBTの料金表には一八時―二三時の時間帯は一時間一二〇ドルと記載されている。

（6）一九四二年二月、FCCは放送局（ラジオ、テレビ局）の新規建設を禁止した。エレクトロニクス産業を軍需に振り向けるためである。四月には民生用受信機の生産中止、六月には戦時情報局（Office of War Information 略称OWI）が発足し、CBSのニュース解説で人気があったエルマー・デイビス（Elmer Davis）が長官になった。大戦中は六つのテレビ局が小規模の放送を行うだけだった。番組の大半は国民の国防意識を高揚することを目的にしたものだった。

（7）「テキサコ・スター劇場」の放送開始は一九四八年六月八日。型破りのコメディ・バラエティで、ホストのミルトン・バール（Milton Berle）に人気が集中した。人気スターの引き抜きをおそれたNBCは、バールと前代未聞の三〇年契約を結んだ。

（8）Broadcasting, Nov. 21, 1988, p. 38.

（9）Hamburg, Morton I. *All About Cable*, Law Journal Seminars-Press, 1982, pp. 1-6.
Whiteside, Thomas. *Onward and Upward with the Arts*, The New Yorker, May 20, 1985, pp. 45-46.
マハノイ・シティはフィラデルフィアから一八五マイル離れており、途中の山に遮られて、テレビ放送を見ることができなかった。テレビブームを当て込んでウォルソンは受像機を仕入れたが、町なかでは一台も売れなかった。これを買ったのは、近くの山の住人だった。それに目をつけた彼は、大型のアンテナを立ててフィラデルフィアのテレビ局の信号を受信し、ケーブルで自分の店まで伝送した。これが恰好の宣伝になり、ウォルソンが設立した新会社は数カ月で約七〇〇の加入世帯を獲得した。料金は一年目一〇〇ドル（加入一時金を含む）、二年目からは毎月二ドルだった。後にウォルソンは「ケーブルテレビの父」として連邦議会から表彰されている。

（10）Roman, James W. *Cable Mania*, Prentice-Hall Inc., 1983, p. 1.
タールトンらのシステムの名はパンサー・バレー・テレビジョン（Panther Valley Television Co.）。料金は加入一時金一〇〇ドル、毎月三ドル。このシステムを建設したのは、後にケーブルテレビ関連機器メーカーの大手になるジェロルド・エレクトロニクス（Jerrold Electronics Corp.）である。

（11）*Ibid.*, p. 4.

パーソンズが作ったシステムの名はパシフィック・ケーブル（Pacific Cable）。彼は、一九五三年にアラスカに移住し、ここで多くのケーブルシステムを建設した。

（12） Head, Sydney W. *Broadcasting in America, 3rd Edition*, Houghton Mifflin Co. 1976, pp. 162-163.

（13） *Ibid.*, pp. 163-165.

凍結の理由として、ＦＣＣは、既存のチャンネルプランのもとで、一部、混信を起こすという事例が出てきたこと、テレビブームに乗って全米各地で新規免許の申請が相次ぎ、当時、テレビ放送用とされていたＶＨＦ12チャンネルだけでは、応じ切れないことがはっきりしたこと、カラー放送の技術方式についても最終的な決定をする時期が迫っていたことなどをあげている。

（14） Sterling, Christopher H. and Kittross, John M. *Stay Tuned : A Concise History of American Broadcasting, 2nd Edition*. Wadsworth, 1990, p. 295.

（15） *Ibid.*, pp. 302-304.

ＦＣＣの「第六次報告書と命令」では、このほかに、ＶＨＦ12チャンネルに加えて、テレビ放送用にＵＨＦチャンネルを割り当てること、チャンネルの一部を非商業教育テレビ放送に使うことなどを明らかにしている。この中でＦＣＣは、ＶＨＦは2—13チャンネルの12チャンネル、ＵＨＦは14—83チャンネルの70チャンネルをテレビ放送用とした。それまでのＶＨＦ1チャンネル（44—50ＭＨｚ）は隣接の2チャンネル（54—60ＭＨｚ）と混信を引き起こす事例があったために廃止された。

（16） Hamburg, *op. cit.*, pp. 1-7.

（17） Brown, Les. *Encyclopedia of Television*, The New York Times Books Co., 1977, p. 62.

（18） F. C. C. *CATV and TV Repeater Services*, 26 F. C. C. 403（1952）.

（19） F. C. C. *Frontier Broadcasting v. Collier*, 16 R. R. 1005（1958）.

（20） ケーブル通信に関するスローン委員会報告書、玉野嘉雄訳「ＣＡＴＶの世界」通信興業新聞社、1973. pp. 50-51.

（21）*Ibid.*
（22）*Ibid.*
（23）*Ibid.*
（24）Whiteside, *op. cit.*, pp. 45-46.
（25）Compaine, Benjamin M., *Who Owns Media?* Knowledge Industry Publications. 1982, p. 402.
（26）「シャイアン」（Cheyenne）西部劇。ＡＢＣネットワークが一九五五年から一九六三年まで放送した。ワーナー・ブラザーズ制作。ハリウッドの大手映画会社がはじめて手がけたテレビのシリーズ番組。「シャイアン」の大ヒットは、それまで無名に近かった主演のクリント・ウォーカーを一躍スターダムに押し上げるとともに、他の大手映画会社がテレビシリーズの制作に乗り出すきっかけになった。
「アンタッチャブル」（The Untouchables）警官ドラマ。ＡＢＣネットワークが一九五九年から六三年まで放送した。禁酒法時代のシカゴを舞台にして連邦特別犯罪捜査隊の活動をえがいた。特に青少年の間で人気があったが、暴力シーンの多いことでも批判が絶えなかった。
（27）Brown, *op. cit.*, p. 285.
（28）F. C. C. *In re Carter Mountain Transmission Corp.*, 32 F. C. C. 459（1962）.
ＦＣＣは、はじめマイクロウェーブの使用申請を許可したが、その後、一転して不許可にするという裁定を下した。一九五八年に連邦控訴審が示した見解に基づくものである。控訴審の見解は、マイクロウェーブの使用により、地上波テレビ局に相当な悪影響が出るとみられる場合には、ＦＣＣは、パブリック・インタレストを守るために、申請を拒否することができるというものである。
（29）321 F. 2d. 359（D.C.Cir. 1963）.
（30）375 U. S. 951（1963）.
（31）F. C. C., *First Report and Order*, 38 F. C. C. 683（1965）.

（32）ＦＣＣは三年前のカーター・マウンテン・ケースで、マイクロウェーブを使用するケーブル事業者に対する規制はケース・バイ・ケースで行うとしていたが、「第一次報告書と命令」では、マイクロウェーブを使用するケーブルシステムのすべてを規制対象とすることを明らかにした。
（33）F. C. C., *Second Report and Order*, 2 F. C. C. 2d. 725 (1966).
（34）ここでいう地元局の信号とは、具体的には、システムのフランチャイズエリア内で、グレードB以上の状態で受信できるテレビ信号のことである。これが「マスト・キャリー」規則と呼ばれるものである。
（35）具体的には、ケーブルシステムと同一市場内にあるＵＨＦテレビ局の健全な発展を損なわないことをさす。
（36）*United States et al. v. Southwestern Cable Co. et al.* 392 U. S. 157 (1968).
（37）Kahn, Frank j., ed., *Documents of American Broadcasting, 3rd Edition.* 1978, pp. 354-356.
（38）Whiteside, *op. cit.*, p. 58.
（39）Brown, *op. cit.*, p. 401.
（40）Whiteside, *op. cit.*, p. 58.
（41）*Ibid.*
（42）Foster, Eugene S. *Understanding Broadcasting.*, Addison-Wesley Publishing Company, 1978, pp. 359-364.
（43）Head, *op. cit.*, pp. 192-194.
（44）Television Factbook 1968.
当初、マンハッタン・ケーブルの株式はスターリング・コミュニケーションズ社（Sterling Communications Inc.）が五五％、タイム社が四五％を所有していた。
（45）Foster, *op. cit.*, pp. 364-366.
（46）*Ibid.*, p. 365.
（47）HBO, *The First Ten Years*, 1982, p. 77.

(48) *Ibid.*
(49) *Ibid.*
(50) *Ibid.*, pp. 18. 23.
(51) *Ibid.*, p. 35.
(52) 例えば、ペイテレビ事業者が放映する劇映画は、劇場封切り後二年以内、あるいは一〇年以上経過したものでなければならない、とされていた。また、番組の一〇%以上を、劇映画とスポーツ以外のものにあてることがきめられていた。
(53) 例えば、ペイテレビ事業者が放映する劇映画は、劇場封切り後三年以内、あるいは一〇年以上経過したものとするなど、若干の緩和を行っただけだった。
(54) *Home Box Office, Inc. v. FCC*, 567 F. 2d. 9 (D. C. Cir. 1977).
(55) HBO, *op. cit.*, pp. 14-45.
(56) ＨＢＯの契約世帯の伸びは、親会社タイム社の売り上げ増に大いに貢献した。一九七九年から八三年までの五年間にタイム社の出版部門の売り上げは約五〇%伸びたが、ＨＢＯを主軸とするケーブル・ビデオ部門の売り上げは約四〇〇%の伸びを示した。一九八三年には、同部門の売り上げがタイム社全体の三分の一以上、利益では全体の三分の二近くを占めた。この年、タイム社は木材、パルプ部門を切り離した。以後、同社の事業の中心は、伝統の出版部門からケーブル・ビデオ部門にシフトして行くことになる。
(57) Hilsman, Hoyt R., *The New Electronic Media*, Focal Press, 1989, p. 19.
(58) Whiteside, *op. cit.*, pp. 72-76.
(59) *Ibid.*
(60) *Ibid.*
(61) *Ibid.*

(62) Head, Sydney W. et. al., *op. cit.,* p. 109.
(63) Television Factbook 1980, 1990.
(64) Cablevision. 1990. 1. 1.
(65) *Ibid.*
(66) Roman, *op. cit.,* p. 58.
(67) Whiteside, *op. cit.,* pp. 72-76.
(68) Multichannel News 1989. 4. 10.
(69) *Ibid.*
(70) Cablevision 1990. 1. 1.
(71) *Ibid.*
(72) Cable Television Business 1989. 9. 1.
(73) *Ibid.*
(74) Head, Sydney W. & Sterling, Christopher H., *Broadcasting in America 5th Edition.* pp. 487-488.
(75) Head, Sydney W. et. al. *Broadcasting in Amerivca 8th Edition.* p. 346.
(76) *Ibid.,* p. 347.
(77) *Ibid.*
(78) *Ibid.,* p. 264.
(79) *Ibid.,* p. 348.
(80) Community Television Review. Vol. 9, No. 2, pp. 20-25.
(81) *Ibid.*
(82) *Ibid.*

（83）*Ibid.*

（84）Oringel, Robert S. et. al. *The Access Manager's Handbook*, p. 10.

（85）Head, *op. cit.*, p. 347.

執筆者一覧（執筆順）

林《はやし》　茂《しげ》樹《じゅ》　中央大学文学部教授

早《はや》川《かわ》　善治郎《ぜんじろう》　中央大学文学部教授

炭《すみ》谷《たに》　晃《あき》男《お》　大妻女子大学社会情報学部助教授

山《やま》口《ぐち》　秀《ひで》夫《お》　中央大学総合政策学部教授

日本の地方ＣＡＴＶ　　研究叢書 9

2001 年 3 月 31 日　発行

編　著　林　茂　樹

発行者　中央大学出版部

代表者　辰　川　弘　敬

192-0393　東京都八王子市東中野742-1

発行所　中央大学出版部

電話 0426（74）2351　FAX 0426（74）2354

十一房印刷工業㈱・東京製本

ISBN4-8057-1309-7

中央大学社会科学研究所編

6 ヨーロッパ新秩序と民族問題

—国際共同研究II—

A 5 判496頁・価5000円

冷戦の終了とEU統合にともなう欧州諸国の新秩序形成の動きを，民族問題に焦点をあて各国研究者の共同研究により学際的な視点から総合的に解明。

中央大学社会科学研究所編

7 現代アメリカ外交の研究

A 5 判264頁・価2900円

冷戦終結後のアメリカ外交に焦点を当て，21世紀，アメリカはパクス・アメリカーナIIを享受できるのか，それとも「黄昏の帝国」になっていくのかを多面的に検討。

中央大学社会科学研究所編

8 グローバル化のなかの現代国家

A 5 判316頁・価3500円

情報や金融におけるグローバル化が現代国家の社会システムに矛盾や軋轢を生じさせている。諸分野の専門家が変容を遂げようとする現代国家像の核心に迫る。

中央大学社会科学研究所編

9 日本の地方CATV

A 5 判256頁・価2900円

自主製作番組を核として地域住民の連帯やコミュニティ意識の醸成さらには地域の活性化に結び付けている地域情報化の実態を地方のCATVシステムを通して実証的に解明。

中央大学社会科学研究所編

10 体制擁護と変革の思想

A 5 判520頁・価5800円

A.スミス，E.バーク，J.S.ミル，J.J.ルソー，P.J.プルードン，Φ.И.チュッチェフ，安藤昌益，中江兆民，梯明秀，P.ゴベッティなどの思想と体制との関わりを究明。